Power Electronics Beginning Guide

はじめての
パワーエレクトロニクス

板子一隆［著］

Ohmsha

まえがき

私たちの生活は、科学技術の進歩によって便利で快適なものになりました。しかし、その一方では環境問題への取り組みも余儀なくされています。例えば近年では、温室効果ガスのひとつである二酸化炭素排出量の増加による地球温暖化現象が問題となっており、この対策が世界共通の課題として検討されています。このような地球規模の問題に対して、パワーエレクトロニクス技術は、太陽光発電をはじめとした電気エネルギーへの変換技術や電気機器のさらなる高効率化技術などを通して、大きく貢献しています。パワーエレクトロニクス技術をさらに発展させて、より便利な社会をつくると同時に、環境に優しい未来を築いていけたらとても素晴らしいことでしょう。

本書は、現代社会に必要不可欠なパワーエレクトロニクス技術をはじめて学ぶ方のために、基本的な内容に絞り、なおかつ全体を網羅して学べるように基本的な回路の動作から制御方法までをわかりやすくまとめたものです。「パワーエレクトロニクスの回路を勉強したけれど、実際どうやって動かすの？」ということにならないよう、実際にシステムを組むときに最低限必要となる知識についても述べています。本書を読めば、基本的な回路の動作を理解でき、簡単なシステムを作って動かすための基礎知識がひと通り身につくはずです。

Chapter.1 では、はじめて学ぶ人のためにパワーエレクトロニクスについて全体を眺め、その応用例や基本構成要素について解説しています。

Chapter.2 では、パワーエレクトロニクスの要となる主なパワーデバイスの種類と仕組みについてみていきます。

Chapter.3～6では、基本的な変換回路、すなわち直流電圧を上げたり下げたりする“直流チョッパ回路”、交流を直流に変換する“整流回路”、直流を交流に変換する“インバータ”、交流電圧や周波数を上げ下げする“交流電力変換回路”について、それぞれその動作原理について述べています。

Chapter.7では、Chapter.3～6で取り上げた回路を用いてシステムとして動作させるための基本となる“PID制御”について述べています。

Chapter.8では、実際にパワーエレクトロニクス回路を製作するときの要点について述べています。

また、各章の冒頭では、解説の概要が端的に掴める「Summary note（サマリーノート）」を掲載し、全体像を把握しながら学習できます。

以上より、簡単なシステムを作って動かすための基礎知識がひと通り身につくようになっています。なお、制御用マイコンの知識については本書の範囲を超えるので、実際にシステムを作って動かす際には数多く出版されているPICマイコンなどの専門書籍も参照してください。

最後に、本書の出版に際しましてお世話になりましたオーム社 雑誌部の皆さま及び関係各位に深く感謝致します。

2017年9月

板子一隆

CONTENTS

power electronics

Chapter 1

パワーエレクトロニクスとは

パワーエレクトロニクスは、電気工学（半導体素子）、エネルギー工学（電気エネルギー）、制御工学が連携した技術分野のため、全体を掴むことに苦労します。そこでChapter.1 では、はじめて学ぶ人のためにパワーエレクトロニクスについて全体を眺め、その実用例や基本構成要素について解説していきます。

Chapter 1 Summary note

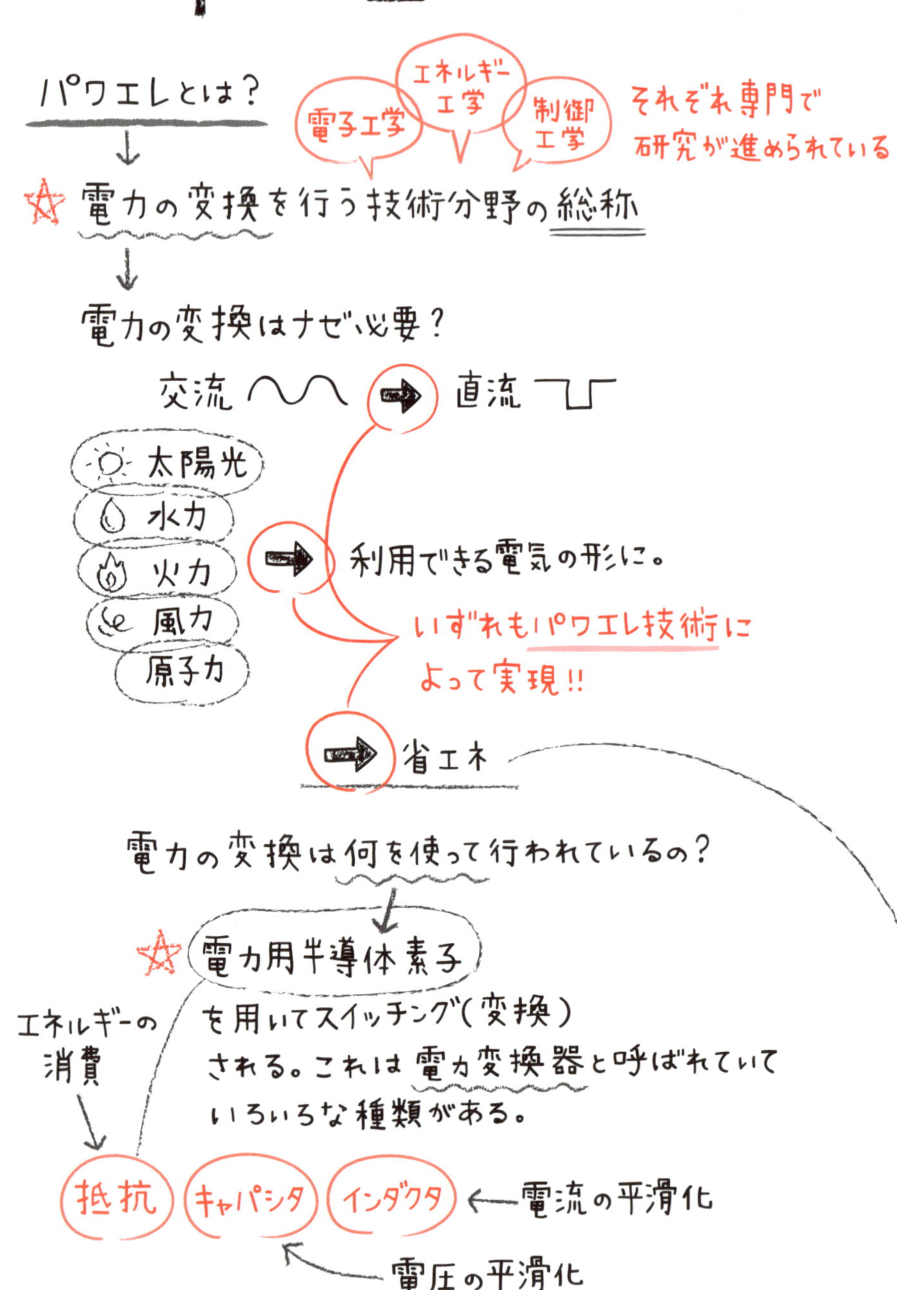

電力変換器の中身

Chapter.4 参照

整流回路

AC→DC

電気鉄道
家電機器
OA機器　計測器
産業機器

Chapter.6 参照

交流電力変換回路

AC→AC（電圧・周波数を変える）

調光器　電熱器

Chapter.5 参照

インバータ

DC→AC
（電圧・周波数を変える）

電気自動車
洗濯機
掃除機

Chapter.3 参照

直流チョッパ回路

DC→DC（電圧を変える）

太陽電池の発電コントローラ　OA機器
AV機器
計測器　産業機器
など

▶ナゼ省エネできる？
⬇
スイッチングの技術

Chapter 1

1.1 パワーエレクトロニクスの役割

電気分野を学習する中で、頻繁に見聞きするキーワードのひとつに**パワーエレクトロニクス**があります（略して**パワエレ**とも呼ばれています）。パワーエレクトロニクスとは、半導体スイッチング素子を利用して電力の変換を行う技術分野の総称です。

パワーエレクトロニクスの起源は、19世紀後半まで遡ります。ドイツの物理学者が考案したスイッチング技術により、交流電力を直流電力に変換する方法を見出したことが始まりとされています。その技術は年々飛躍的に発展し、現在では、太陽光をはじめとする新エネルギーの利用から、LED照明等を用いた節電技術、各家電製品の省エネルギー化まで、電力を用いたあらゆる場面でなくてはならないものとなりました。近年ではさらに、スマートグリッド、ハイブリッドカーや電気自動車の市場投入に伴って、ますますパワーエレクトロニクスの重要性が高まっています。

例えば省エネルギ－化を達成するには、それぞれの用途に合った電気の形態、すなわち直流・交流、周波数、大きさなどを適切に変換する必要があります。このように電力の形態を変えて、効率よく制御するのがパワーエレクトロニクスの役割です。

パワーエレクトロニクスが関連する技術分野

パワーエレクトロニクスが関連する技術は広く、半導体素子（電子工学）、電気エネルギー（エネルギー工学）、制御（制御工学）の各分野が密接に連携しています（**図1.1**）。

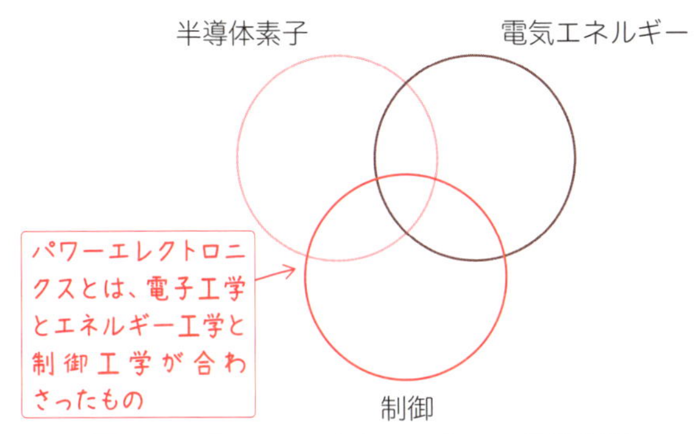

図1.1 パワーエレクトロニクスの技術分野

Chapter 1

1.2 パワーエレクトロニクスによる電力変換

各家庭で電化製品を使用するときは、コンセント（単相交流電源、三相交流電源）に接続します。コンセントから流れる電気は交流で、電圧や周波数（50Hz／60Hz）が固定されているのはご存じでしょう。

一方、電化製品は電子回路で構成されていますので、直流の電気が必要になります。利用するには固定された電源の電圧や周波数、交流／直流等を最適な形に変換しなければなりません。この電力変換装置が、各電化製品に内蔵されているわけです。

このようにパワーエレクトロニクスは、電気をさまざまな機器で利用できるように、電力を適切な形態に変換し、必要に応じて電圧、電流、周波数などを制御しています。パワーエレクトロニクスでの電力変換の形態を整理すると、**図 1.2** のようになります。

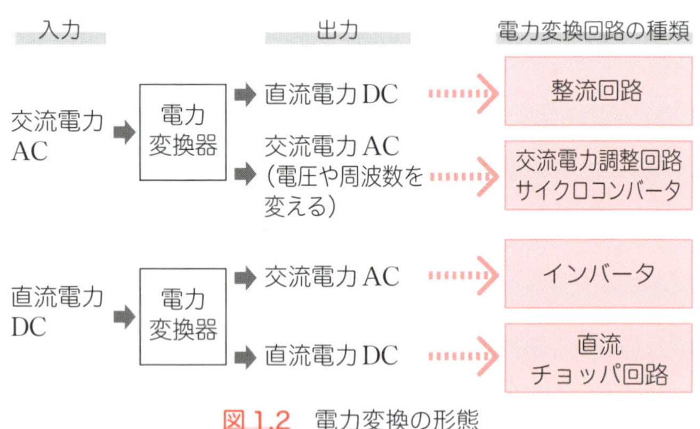

図 1.2　電力変換の形態

Chapter 1

1.3 パワーエレクトロニクスの実用例

ここからはパワーエレクトロニクスについて、具体的な実用例をみてみましょう。いずれも身近な電化製品や乗り物ばかりです。このことからも、パワーエレクトロニクス技術がいかに重要な役割を担っているかがわかります。

洗濯機

洗濯機には、ブラシレスDCモータ（BLDC：Brushless Direct Current）が用いられています。ブラシレスDCモータひとつで、低速・高トルクと高速回転を両立させる必要があるため、洗い時と脱水時でモータの電流位相を変えて制御しています。

ブラシレスDCモータを制御するために、三相インバータが用いられています。

掃除機

家庭用掃除機に用いられるブロワモータには、整流子を有したユニバーサルモータが一般的に用いられています。

また近年では、小型・軽量化、排気のクリーン化、高出力化のためにブラシを有しないブラシレスモータを用いた製品も登場しました。ブラシレスモータの制御には、三相インバータが用いられています。

炊飯器、クッキングヒータ

IH（Induction Heating）ジャー炊飯器は、20～50kHzの高周波磁界による誘導加熱によって、炊飯鍋を直接発熱させます。定格電圧100V（入力電力600～1,400W）を整流してから、高周波インバータで加熱コイルに20～50kHzの高周波電力を供給します。

IHクッキングヒータも、炊飯器と同様の原理で加熱するため、高周波インバータが用いられています。

オーブンレンジ

オーブンレンジは、マイクロ波（2.45GHz）を利用して食品を加熱する調理器具です。マイクロ波の発生には、真空管であるマグネトロンを用いています。

このマグネトロンを駆動するために、定格電圧100V

（入力電力1,500W未満）を整流して、高周波スイッチングによって20kHz～75kHzの高周波電力に変換し、4kVと高い電圧を発生させてマグネトロンに印加し、マイクロ波を発生させています。

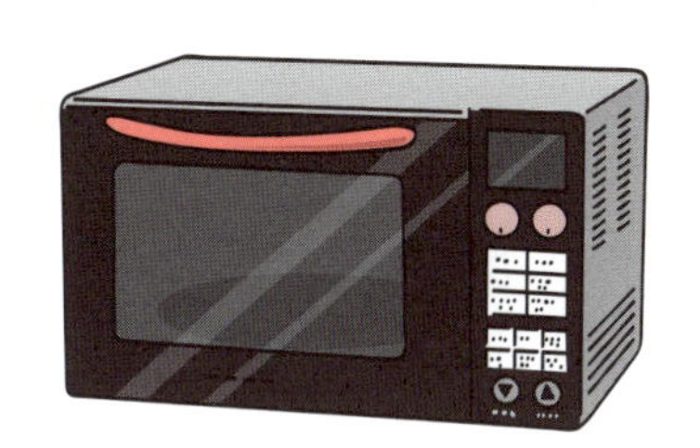

冷蔵庫

冷蔵庫は、冷却器と凝縮器の間に圧縮機を接続し、冷媒を循環させることで気化熱を利用した冷却を行っています。

この圧縮機のモータにはブラシレスDCモータ（BLDC）が用いられており、三相インバータによって制御されています。

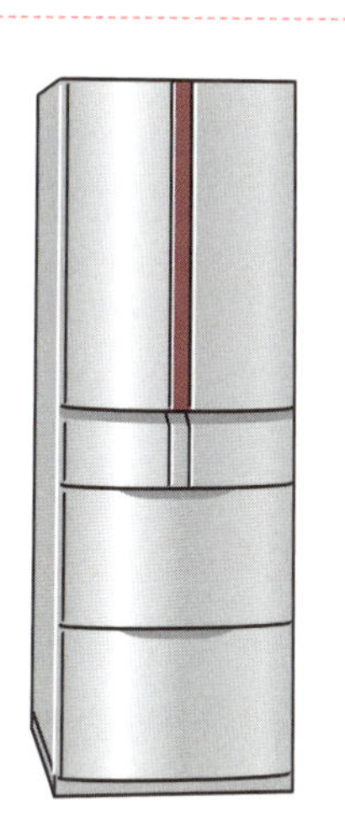

エアコン

エアコンの室外機には、熱交換を行うためのファンモータとコンプレッサモータが搭載されています。これら2つのブラシレスDCモータ（BLDC）を駆動するために、インバータが用いられています。

また、室内機には省エネのためのファンモータにもブラシレスDCモータが用いられており、こちらもインバータを搭載しています。

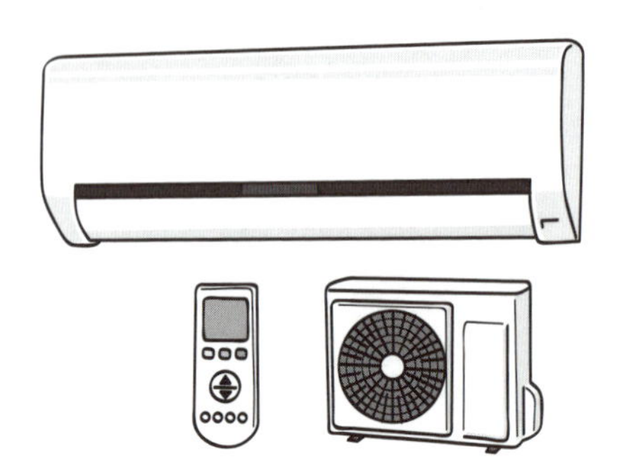

電気自動車

地球温暖化の原因となる二酸化炭素を大量に排出する従来のガソリン車に代わって、電気自動車が普及してきています。電気自動車には、バッテリーのみで走るプラグイン電気自動車や、エンジンとバッテリーで走るハイブリッド自動車、外部から充電が可能なプラグインハイブリッド自動車等があります。

これらの電気自動車には、駆動用に永久磁石界磁式交流同期モータ（PMSM：Permanent Magnet Synchronous Motor）が使用されており、これを駆動するためにインバータが使用されています。

電気鉄道

現在の鉄道車両には、その駆動用モータに三相のACモータが使用されています。速度制御を行うには、交流き電線からの交流電力をいったん直流電力に変換（整流回路）し、得られた直流電力を交流に変換（インバータ）し、電圧と周波数を制御します。

この制御方法は、VVVF（Variable Voltage Variable Frequency）制御といいます。

その他

インバータによる蛍光灯照明、電気シェーバーの高効率振動型リニア駆動方式、マッサージ機、電動工具の急速充電システム、電動車いす、パワーアシスト自転車等、数えきれないほどパワーエレクトロニクス技術は、私たちの生活で大いに役に立っています。

Chapter 1

1.4 半導体スイッチング素子の役割

パワーエレクトロニクスの最も大きな特徴は、半導体スイッチング素子（パワーデバイス）によるスイッチング動作を行うことです。これがどのような効果をもたらすかを、電気鉄道の例でみてみましょう。

昔の電気鉄道には直流電圧が使われており、車両の駆動は直流モータで行っていました。パワーエレクトロニクス技術が発達する以前は、モータにかかる電圧（モータ出力）を抵抗 R による分圧でコントロールし、タップで段階的に切り替えるものでした（**図 1.3**）。

この方法では、抵抗値 R の値を大きくしてモータ出力を下げても、常にモータ電流 i が抵抗 R を流れて i^2R のジュール熱損失を発生してしまうことは容易に理解できるでしょう。すなわち、電源 E からのエネルギーは、モータだけでなく抵抗 R でも消費されてしまうため、効率が非常に悪くなります。

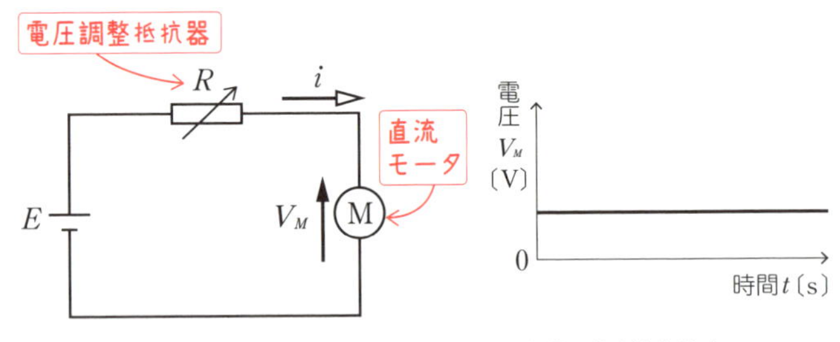

図 1.3　鉄道車両のモータ電圧制御（抵抗制御）

その後、今まで使用していた抵抗 R は半導体スイッチング素子に置き換わり、**図 1.4** に示すような構成となりました。これを直流チョッパ方式といいます。

直流チョッパ方式では、この半導体スイッチング素子がオンのときはインピーダンスが0、オフのときはインピーダンスが無限大という理想素子として取り扱うため、スイッチSと等価となります。

同図においてスイッチSがオンのときは、電源 E が直接モータに接続されたのと同じになり、モータにかかる電圧 V_M の値は E となります。スイッチSがオフのときは、モータから電源 E が切り離されるので、モータにかかる電圧 V_M は0となります。

従って、モータにかかる平均電圧はグラフの破線で示す値になります。スイッチSのオンとオフの時間比で、モータにかかる平均電圧を連続的に変化させることができます。電源 E のエネルギーはモータのみで消費されるので、原理的に変換効率は100%になります。

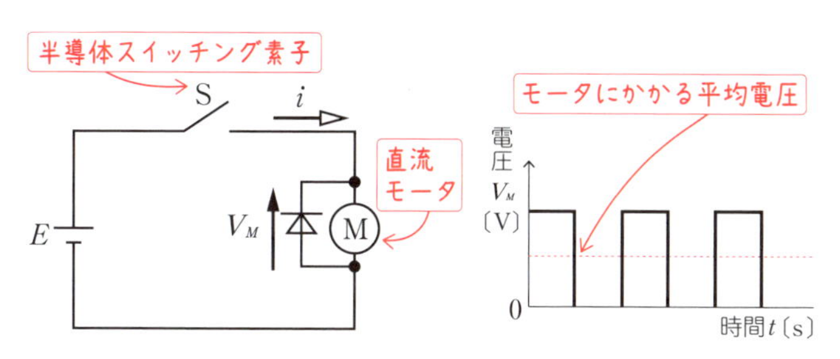

図 1.4　鉄道車両のモータ電圧制御（半導体スイッチングによる制御）

Chapter 1

1.5 パワーエレクトロニクスの主な回路素子

ここでは、パワーエレクトロニクス回路を構成する主な回路素子が、それぞれどのような働きをするのかを、簡単に紹介します。

エネルギーを消費する“抵抗”

抵抗とは、電流を流れにくくする回路素子です。抵抗Rの単位は〔Ω（オーム）〕です。抵抗Rに流れる電流i〔A〕と電圧v〔V〕の間には以下の関係が成り立ち、過渡現象★を生じません。

KeyWord
過渡現象
ある状態から次の（安定した）状態に変化する際の間に起こる現象。電力変換時に起こる時間的な変化などを指します。

$$i = \frac{v}{R} \tag{1.1}$$

抵抗は、以下の式で示される電力p〔W〕を消費する素子です。

$$p = i^2 R = \frac{v^2}{R} \tag{1.2}$$

静電エネルギーを蓄える“キャパシタ”

キャパシタは、電圧の変化を緩やかにする素子で、2つの電極で誘電体（絶縁体）を挟んだものです。電気部品としてはコンデンサと呼ばれます。静電容量Cの単位は〔F（ファラド）〕です。

キャパシタ電圧 v〔V〕は、次式で示されるように電流 i〔A〕の積分となります。

$$v = \frac{1}{C}\int idt \tag{1.3}$$

ある時点でのキャパシタ電圧が V であるとき、コンデンサに蓄えられている静電エネルギー W〔J〕は、

$$W = \frac{1}{2}CV^2 \tag{1.4}$$

で表せます。すなわち、静電エネルギーはキャパシタ電圧（電荷）の大きさに関係しています。なお、この素子の電力の消費はありません。

(1.3) 式からわかるように、キャパシタ電圧（電荷）は時間に対して連続になります。すなわちキャパシタ電圧はとびとびの値をとらないということです。これはキャパシタの重要な性質です。

コンデンサの電圧（電荷）は連続なんだね。覚えておこう!!

電磁エネルギーを蓄える“インダクタ”

インダクタは、電流の変化を緩やかにする素子で、導線をらせん状にぐるぐると巻いたものです。電気部品としてはコイルと呼ばれます。インダクタンス L の単位は〔H（ヘンリー）〕です★。

インダクタ電流 i〔A〕は次式で示すように電圧 v〔V〕の積分になります。

KeyWord
インダクタとインダクタンス
“インダクタ”は素子そのもの（コイル）を表すのに対して、“インダクタンス”はコイルの電圧と電流変化率との比を表します。

$$i = \frac{1}{L}\int v dt \left(v = L\frac{di}{dt} \right) \tag{1.5}$$

ある時点でのインダクタ電流がI〔A〕であるとき、インダクタに蓄えられている電磁エネルギーW〔J〕は、

$$W = \frac{1}{2}LI^2 \tag{1.6}$$

で表せます。すなわち、電磁エネルギーは、インダクタに流れている電流の大きさに関係しています。なお、この素子の電力消費はありません。

(1.5) 式からわかるように、インダクタ電流は時間に対して連続になります。すなわち、インダクタ電流はとびとびの値をとらないということです。例えばインダクタ電流を急に0にしようとすると、(1.5) 式より、di/dtが大きくなりインダクタ電流が減少するのを妨げる方向に大きな電圧を発生するので大変危険です。これはインダクタの重要な性質です。

インダクタの電流は連続なんだね。覚えておこう!!

電圧源と電流源

パワーエレクトロニクスでは、エネルギーの発生源を電圧源や電流源で表します。電圧源は一定の電圧を発生し、内部インピーダンスは0となります。電流源は一定の電流を発生し、内部インピーダンスは無限大となります。

これらの構成部品を整理して、**表 1.1** にまとめて示します。

表 1.1 構成部品

部品	記号	役割	特徴
抵抗		電力を消費する	過渡現象を生じない
コイル		磁気エネルギーを蓄える	電流は連続する
コンデンサ		静電エネルギーを蓄える	電圧は連続する
スイッチ		電圧、電流を裁断する	スイッチオン時インピーダンスは0 スイッチオフ時インピーダンスは∞
電圧源	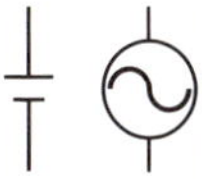	電圧を発生する	内部インピーダンスは0
電流源		電流を発生する	内部インピーダンスは∞

Chapter 1

1.6 電力制御装置の基本構成

図 1.5 に示すように、パワーエレクトロニクス技術を用いた装置は、大きく**電力変換回路**と**制御回路**の 2 つで構成されています。

1.5 節で述べた回路素子から電力変換回路が構成されますが、その他にもこの回路を動かすための制御回路が必要になります。

図 1.5 の電力制御装置は、直流電源を 4 つの半導体スイッチング素子を用いたフルブリッジ構成のインバータで交流に変換し、スイッチングにより裁断された電圧を**LC フィルタ**★で平滑化した交流電圧を負荷に印加する構成になっています。負荷は、モータや蛍光灯など交流電源で動作する装置です。この電力変換回路の出力電圧の振幅、周波数、電流の大きさなどを制御するために出力側に**電圧・電流センサ**が必要になります。これらの値はアナログ量ですので、**マイコン**が理解できるデジタル量に変換するための **A/D コンバータ**を用います。マイコンではこれらの値を用いて出力制御の計算を行い、PWM 信号を生成します。この **PWM 信号**を**ゲートドライブ回路**に入力し、所要の状態にして**半導体スイッチング素子**をオン・オフします。

KeyWord
LCフィルタ
インダクタ(L)とコンデンサ(C)で構成されたフィルタ回路。フィルタ回路は、入力された電気信号に帯域制限をかける、特定の周波数成分を取り出す、などの働きをします。

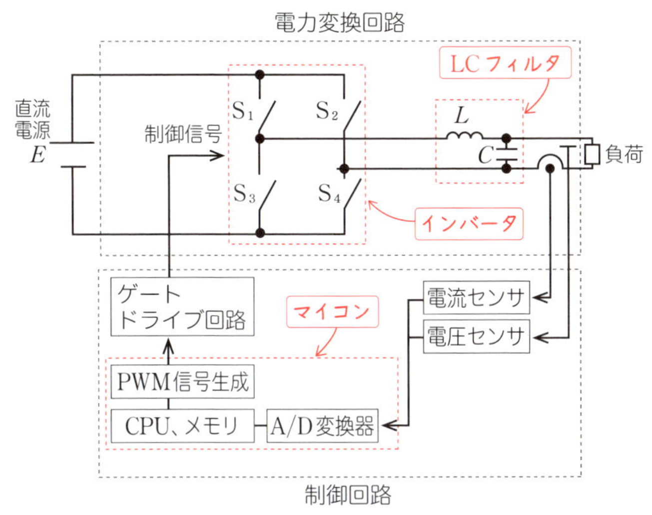

図 1.5　電力制御装置の一般的な構成

本書では、このパワーエレクトロニクス技術を用いた電力制御装置の基本をひと通り学ぶことができるように、まずパワーエレクトロニクスの要となるパワーデバイスについて述べています。次いで、基本的な電力変換回路を取り上げてその動作原理について示します。さらに、この電力変換回路を動作させるために必要となる制御の基本について述べています。最後に、実際に装置を作るために必要な基礎知識についても示しています。

演習問題

1 パワーエレクトロニクスとは何かを簡単に説明しましょう。

2 パワーエレクトロニクスにおいて、どのような電力変換の形態があるかをまとめましょう。

3 身の回りのパワーエレクトロニクス技術の実用例を挙げましょう。

4 パワーエレクトロニクス技術を使うとなぜ効率がよくなるのでしょうか？

5 インダクタの電流を急に0にしようとするとどうなりますか？

6 電力制御装置は電力変換回路のほかに何が必要でしょうか？

演習問題 解答

1 パワーエレクトロニクスとは、電子工学とエネルギー工学と制御工学が融合したものであり、半導体デバイスを用いてスイッチングを行い、電力を所要の形態に変換、制御する技術。

2 図 1.2 参照

3 1.3 節参照

4 1.4 節参照

5 インダクタ電流は連続であるので、インダクタ電流が減少するのを妨げる方向にインダクタの端子に大きな電圧 $L(di/dt)$ が発生し、危険である。

6 電力変換回路を動作させるための制御回路が必要。

power electronics

Chapter 2

主なパワーデバイスの種類と仕組み

Chapter.1 で示したように、パワーエレクトロニクスはさまざまな機器で使用されています。Chapter.2 では、パワーエレクトロニクス回路の中でもまさしく要となるスイッチング素子“パワーデバイス”についてみていきましょう。

Chapter 2 Summary note

パワーデバイスの仕組みと働き

◎電気の流れ（導通）をON⟷OFFすることで回路のスイッチングを行う。

◎材料はSi（シリコン）が主流。

パワーデバイスの主な種類

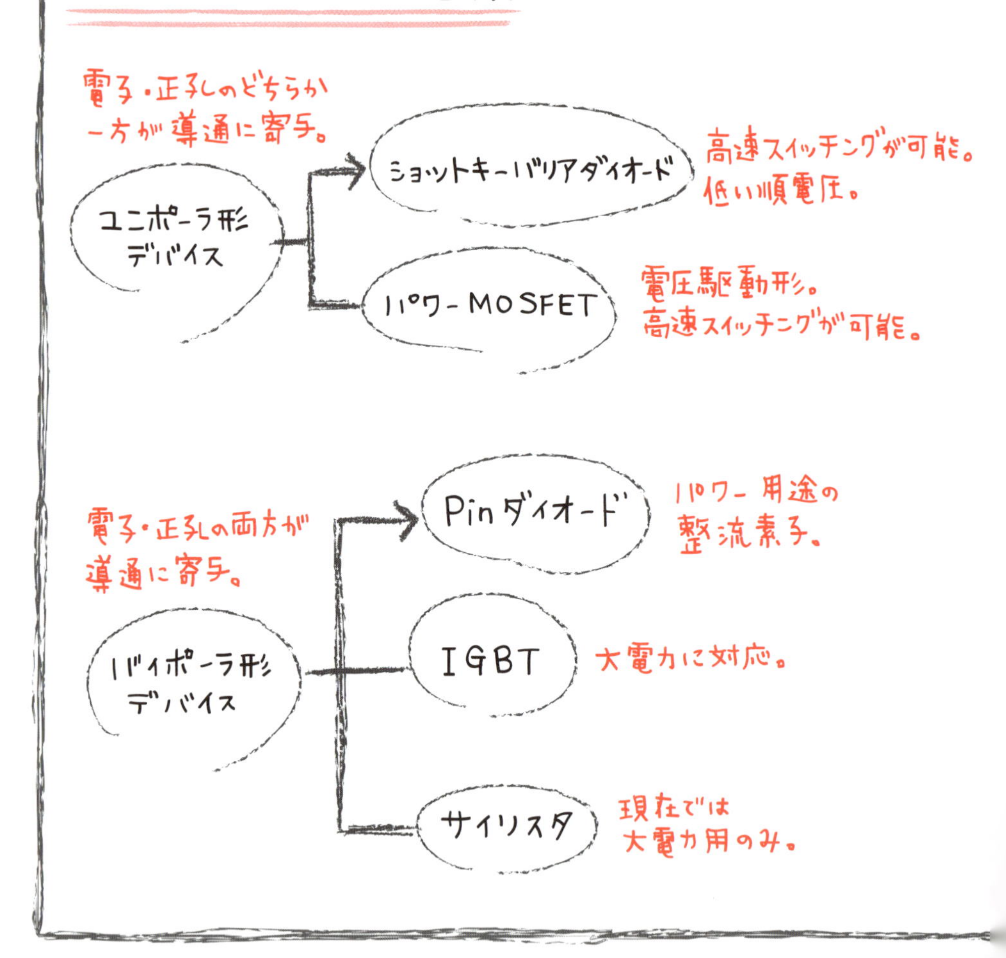

pinダイオード

アノードからカソードへの方向のみ電流を流す。

ショットキーバリヤダイオード

ON時の順方向電圧が低いので損失が小さい。

パワーMOSFET

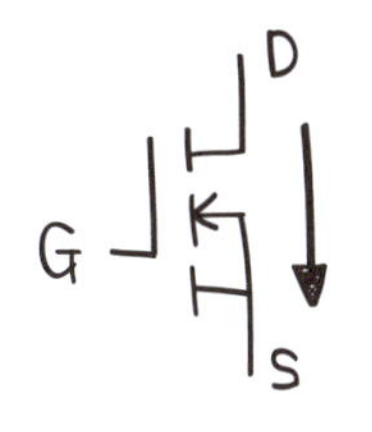

G-S間に正の電圧を印加している間DからSに電流が流れる。

IGBT

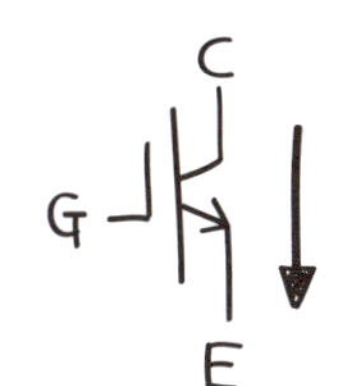

G-E間に正の電圧を印加している間CからEに電流が流れる。

サイリスタ

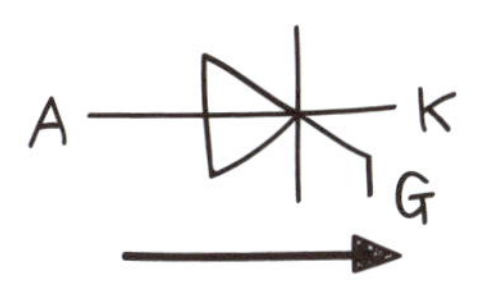

GからKに電流を流すとAからKに電流が流れる(点弧)

電流がゼロになるかA-K間に逆電圧を印加するとオフ状態となる(消弧)

パワーモジュール

複数の半導体素子と電子部品をパッケージ化したもの

半導体素子 + ドライバ

IPM

次世代の半導体素子材料

- GaN
- SiC

Chapter 2

2.1 電気の流れを制御する“パワーデバイス”

パワーエレクトロニクス回路は、スイッチングの機能を担う**パワーデバイス**の働きを理解することが、とても重要です。

パワーデバイスは、大きく2つの種類に大別されます。導通状態においてキャリヤ（電流を流す媒体）と呼ばれる電子あるいは正孔のうち、一方のみが導通に寄与するものを、ユニポーラ形デバイスと呼びます。また、電子と正孔の両方のキャリヤが導通に寄与するものを、バイポーラ形デバイスと呼びます★。

KeyWord
「ユニポーラ」と「バイポーラ」
ユニポーラ（unipolar）は「単極」、バイポーラ（bipolar）は「二極」の意味です。

片方だけ!!

■ 電子または正孔の一方が導通に寄与

ユニポーラ形デバイス

両方!!

■ 電子と正孔の両方が導通に寄与

バイポーラ形デバイス

以下では、さまざまなパワーデバイスを取り上げ、構造や仕組みを解説していきます（**表2.1**）。パワーエレクトロニクス回路でよく使用されるpinダイオード、ショットキーバリヤダイオード、パワーMOSFET、IGBT、さらに大電力の変換器で現在でも使用されるサイリスタについても、素子の構造や波形の特性を示しながら、順を追って説明します。

表 2.1　主なパワーデバイスの種類

タイプ	パワーデバイス	参照
ユニポーラ形	ショットキーバリヤダイオード	⇒ 2.3 節 (P.29)
	パワー MOSFET (電界効果形トランジスタ)	⇒ 2.4 節 (P.31)
バイポーラ形	pin ダイオード	⇒ 2.2 節 (P.26)
	IGBT (絶縁ゲートバイポーラトランジスタ)	⇒ 2.5 節 (P.36)
	サイリスタ	⇒ 2.6 節 (P.39)

Chapter 2

2.2 pin ダイオード

ここでは、バイポーラ形デバイスのひとつ**pin ダイオード**について解説します。pin ダイオードの説明に入る前に、まずはダイオードの構造と図記号をおさらいしておきましょう。ダイオードは、パワー用途★に適したパワーデバイスです。

KeyWord
パワー用途
本書では、電子回路で使用するパワーデバイスと区別する意図で、パワー系全般で使用するものを"パワー用途"としています。

構造（**図 2.1**（a））は、p 層（p 型半導体）と n 層（n 型半導体）が**pn 接合**しています。図記号は図 2.1（b）で、電流がアノードからカソードに向かって流れる様子を表しています。

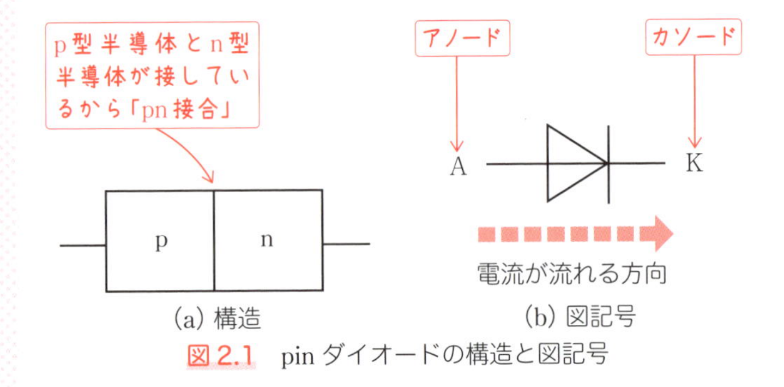

図 2.1　pin ダイオードの構造と図記号

図 2.2 に、ダイオードの電流−電圧特性を示します。

アノード側にプラス、カソード側にマイナスの電圧を印加（**順バイアス**）します。この電圧が 0.7V 以上になると、電流が大きく流れて、ダイオードがオン状態になります。

反対に、アノード側にマイナス、カソード側にプラスとなるように電圧を印加（**逆バイアス**）すると、電流はほとんど流れません。ただし、ダイオードに逆バイアスの電圧を印加し続けると、ある電圧値から急激に逆方向の電流が流れる**ブレークダウン現象**が起こるため、注意が必要です。

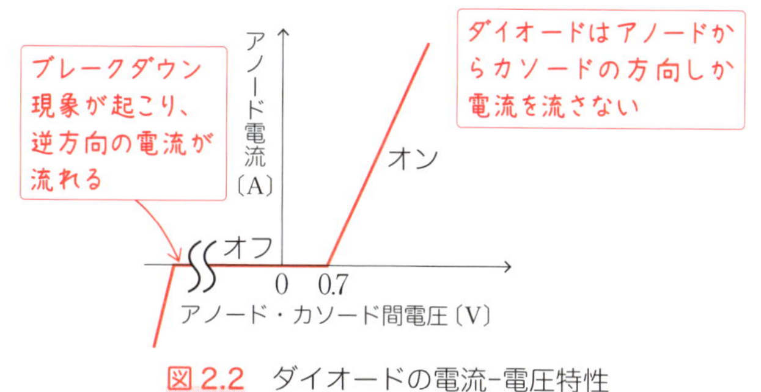

図 2.2 ダイオードの電流–電圧特性

pin ダイオードの素子構造

ここからは、pin ダイオードの詳細な構造と仕組みを確認していきます。**図 2.3** に、pin ダイオードの素子構造と順バイアス時のキャリヤの流れを示します。

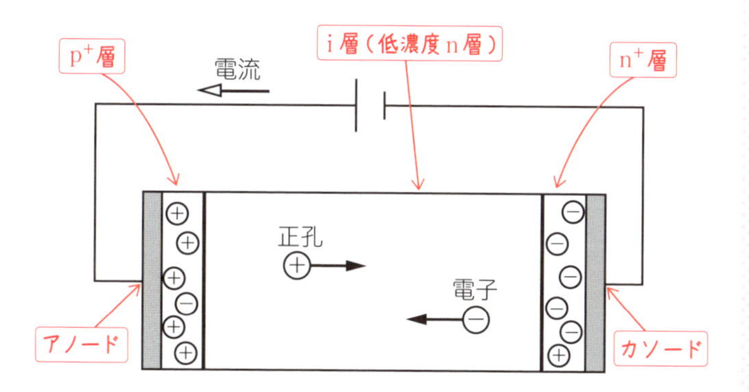

図 2.3 pin ダイオードの素子構造とキャリヤの流れ（順バイアス時）

KeyWord
p+ の「+」って？
「+」は高濃度、「−」は低濃度を表しています。

KeyWord
i層の「i」の語源は？
i層は、「Intrinsic Layer」の略です。Intrinsicは、「固有の〜」等の意味になります。

図を確認すると、高濃度のp層（p^+層）とn層（n^+層）の間に、もう1層挟まれていることがわかります。これはi層（n^-層）と呼ばれる、非常に低濃度のn層（高い抵抗の層）です。この3層は**pin構造**と呼ばれ、高い通電能力を備えます。i層は、オフ時（逆バイアス時）に十分な耐圧が得られるように、他の2層と比べて厚い構造になっています。

アノード・カソード間に順バイアスがかかると、p層側からi層に正孔が注入されます。注入された正孔は、i層に蓄積されるのと同時に、正孔を電気的に中和させるためにカソード側のn層からも電子が注入されます。これによってi層の抵抗値が下がって、電流が流れやすくなります。

アノード・カソード間に逆バイアスがかかると、キャリヤの注入が止まり、p層からカソード側に空乏層（キャリヤがほとんどなく電気的に絶縁された領域）が広がるため、電流は流れなくなります。

このようにpinダイオードは、一方向にしか電流を流しません。この性質を、**整流性**と呼びます。

2.3 ショットキーバリヤダイオード

続いて解説するのは、**ショットキーバリヤダイオード**(SBD：Schottky Barrier Diode)です。あまり聞き慣れない言葉だと思います。この名称は、発明者(Walter Schottky)の名前に由来しています。ショットキーバリヤダイオードはユニポーラ形デバイスで、高速スイッチング動作と低い順電圧降下という特徴があります。

図 2.4 に、n 型半導体を用いた n 形ショットキーバリヤダイオードの素子構造とキャリヤの流れを示します。

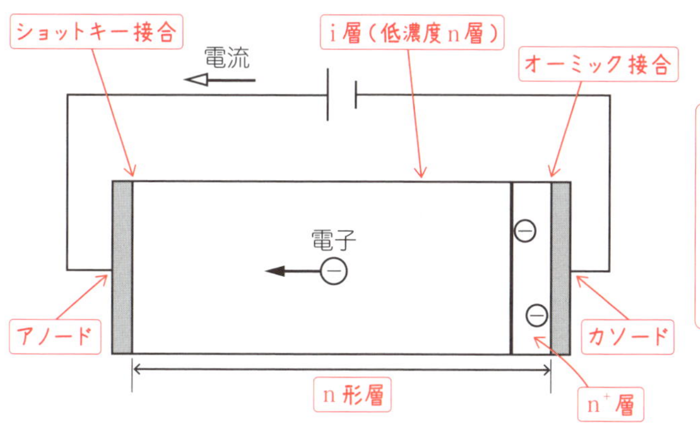

図 2.4　n 形ショットキーバリヤダイオードの素子構造とキャリヤの流れ

ショットキーバリヤダイオードの図記号は、pin ダイオードと同じく以下になります

n 形ショットキーバリヤダイオードのアノード側は、n 形にドーピング★された半導体に金属電極を設けて、**ショットキー接合**となっています。また、カソード側の電極は、**オーミック接合**となっています。

KeyWord
ドーピングとは？
不純物元素を半導体結晶構造に組み込むことを「ドーピング」といいます。不純物元素を入れることでキャリアを発生させることができます。

- **ショットキー接合**：半導体内のキャリヤが電極に向かって流れる場合のみにキャリヤを流し、反対向きにはキャリヤを流さない接合のこと

- **オーミック接合**：接合部を流れる電流に対して整流作用がない接合のこと

カソード側にn^+層（不純物濃度の高いn層）を設けているのは、オーミック接合を形成しやすくするためで、これによって電子が流れやすい状態となります。

図2.5に、ショットキーバリヤダイオードの電流－電圧特性を示します。オン時の順方向電圧が低いため、損失が小さいことがわかります。

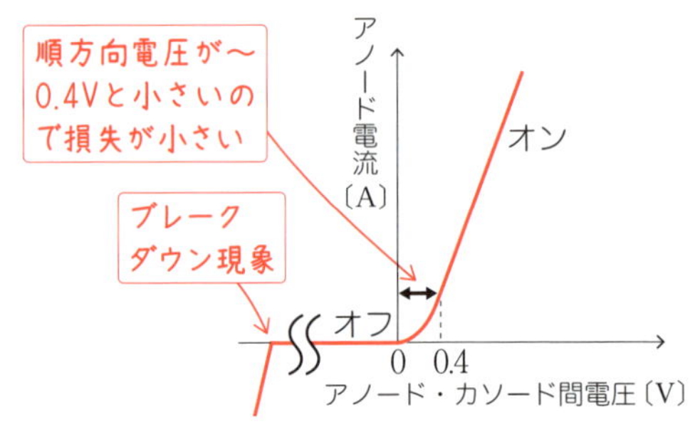

図2.5　ショットキーバリヤダイオードの電流－電圧特性

2.4 パワーMOSFET（電界効果形トランジスタ）

パワーMOSFET（Metal Oxide Semiconductor Field Effect Transistor）は、電界効果形トランジスタの一種です。電子のみ、または正孔のみをキャリヤとして持つ、ユニポーラ形のスイッチング素子です。電圧駆動形★のデバイスのため、高速なスイッチングが可能です。

KeyWord
電圧駆動形
ゲートに加える電圧で、ドレイン−ソース間の電流を制御する方式。

図 2.6 に、MOSFET の構造と図記号を示します。

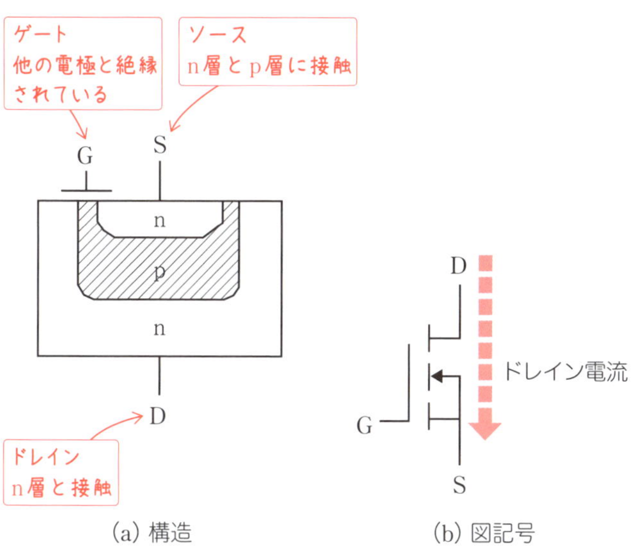

(a) 構造　(b) 図記号

図 2.6　MOSFET の構造と図記号

ソース（S）は、上のn層とp層に接触しています。ドレイン（D）は、下のn層と接触しています。ゲート（G）は他の電極と絶縁されており、電流はドレインからソースに向かって流れます。

図 2.7 に、パワーMOSFETの電流-電圧特性を示します。ゲート－ソース間に順バイアスをかけ、しきい値の電圧以上になると、ドレイン電流が流れます。ゲートの電圧を0Vにすると電流は流れませんが、順バイアス電圧を上げていき、**ブレークオーバ**に達するとドレイン電流が急激に流れます。

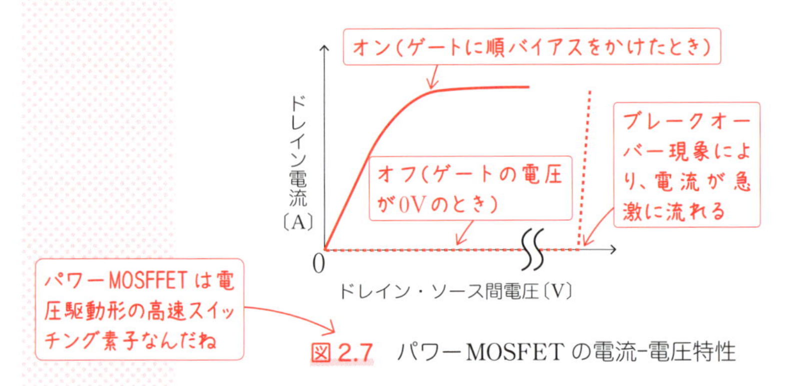

図 2.7　パワーMOSFETの電流-電圧特性

ここからは、パワーMOSFETの詳細な構造と仕組みを確認していきます。**図 2.8** に、パワーMOSFETの素子構造とキャリヤの流れを示します。

ソース電極は、n^+層（不純物濃度の高いn層）とp層の両方が接触する構造になっています。p層と接触する部分は、ゲート端子に電圧を印加する際の基準電位を与えます。n^+層と接触する部分は、ドレイン電流が流れる経路となります。ソース電極にp層が接触することでドレイン・ソース間にpn接合が形成され、逆並列ダイオードが形成されます。従って、パワーMOSFETは逆方向に耐圧を持ちません。

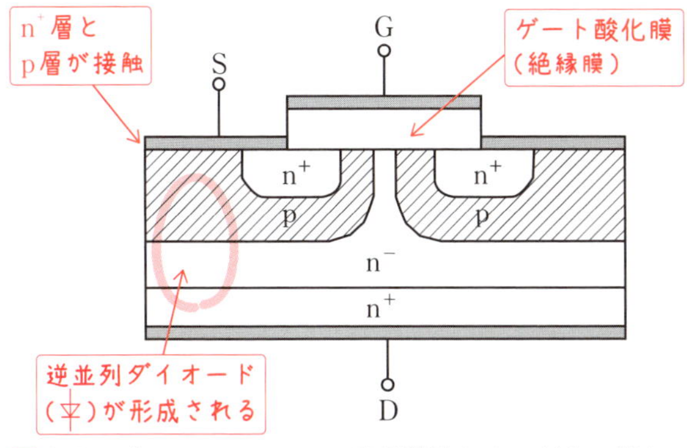

図 2.8　パワーMOSFET の素子構造とキャリヤの流れ

図 2.9～**図 2.11** にパワーMOSFET の動作原理図を示します。動作の流れに沿って、確認していきましょう。

● 動作 1　ゲート・ソース間に電圧を印加しないとき

n 層と p 層の間の接合に逆電圧が印加されるため、ドレイン電流は流れません。

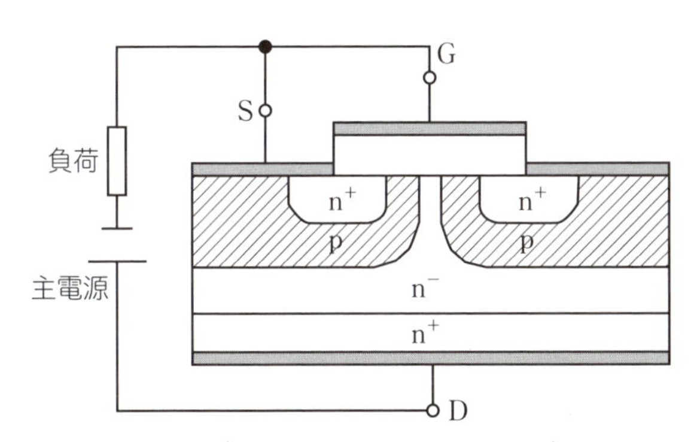

図 2.9　動作 1　ゲート・ソース間に電圧を印加しないとき

●動作２　ゲート・ソース間に正の電圧を印加したとき

p 層のゲート電極と対向した部分に電子が集まり、正孔の数よりも電子の数が多くなる**反転層**と呼ばれる領域が発生します。これによってドレイン・ソース間が等価的に n 形半導体となり、電子が移動することでドレイン電流が流れます。

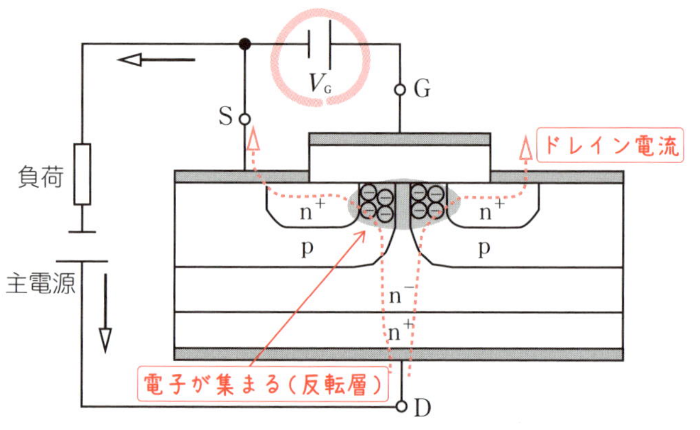

図 2.10　動作 2　ゲート・ソース間に正の電圧を印加したとき

●動作３　再びゲート・ソース間の電圧を印加を止めたとき

反転層が消滅して、電流が流れなくなります。

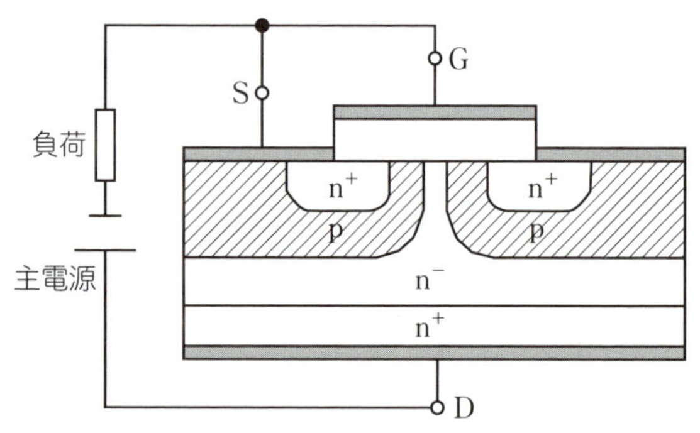

図 2.11　動作 3　再びゲート・ソース間に電圧を印加しないとき

図2.8に示したパワーMOSFETの素子構造は、**nチャネルパワーMOSFET**と呼ばれるもので、電流の流れを電子が担っています。p形半導体とn形半導体を入れ替えて、電流の流れを正孔が担うpチャネルパワーMOSFETも原理的には製作可能です。ただし、主電流となる正孔は、電子よりも移動度が2倍以上遅いため、よい特性を得ることができず、電力用としては用いられていません。

Chapter 2

2.5 IGBT（絶縁ゲートバイポーラトランジスタ）

次に、入力部にMOSFET、出力部にバイポーラトランジスタを用いて、電圧制御で大電力に対応できるパワーデバイス**IGBT**（Insulated Gate Bipolar Transistor）についてみていきます。

図2.12に、IGBTの構造と図記号、内部等価回路★を示します。

KeyWord
等価回路
電気的特性に着目した回路図。ここではIGBTがMOSFETとトランジスタで表せることを示しています。

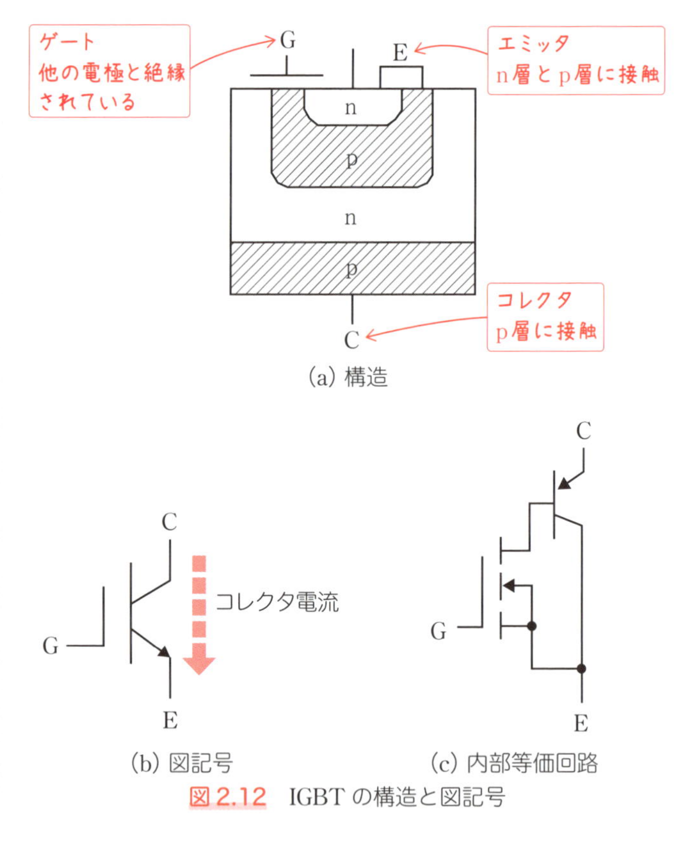

図2.12　IGBTの構造と図記号

エミッタ（E）は、上のn層とp層に接触しています。コレクタ（C）は下のp層に接触しています。ゲート（G）は他の電極と絶縁されており、電流はコレクタからエミッタに向かって流れます。

図2.13に電流−電圧特性を示します。ゲートに順バイアスをかけると、コレクタ電流が流れます。ゲート電圧を0V、または負電圧とすると電流は流れません。

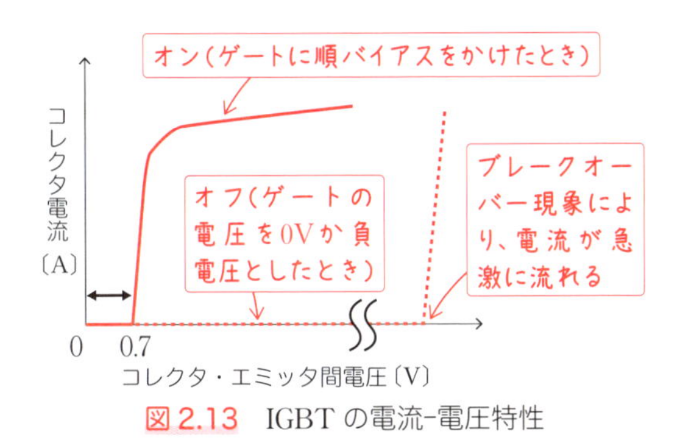

図2.13　IGBTの電流−電圧特性

図2.14に、IGBTの素子構造とキャリヤの流れを示します。

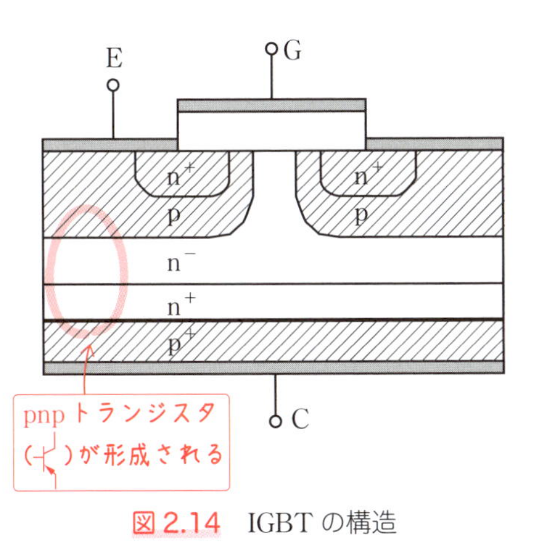

図2.14　IGBTの構造

IGBTはMOSFETと比べて高い電圧に耐えることができるんだね

KeyWord
オン電圧が増える問題
電圧が増えるのは、n⁻層を厚くすると抵抗が増すためです。その分だけオン時の電圧が増えることになります。

入力部のMOSFETの耐圧を高くするには、図2.8で示したn^-層（不純物濃度の低いn層）を厚くする必要がありますが、そうするとオン電圧が増える問題★が生じるため、高い耐圧のMOSFETは用いることができません。

一方IGBTでは、図2.8で示したMOSFETのドレイン側にp^+層を追加し、バイポーラ構造とすることによって、n^+層に大量の正孔が注入されます。従って、IGBTのn^-層を厚くしても、オン状態においてはn^-層に少数キャリヤである正孔が注入されるため、導電率が高められ、オン状態のコレクタ・エミッタ間電圧を低くできます。すなわちIGBTでは、n^-層を厚くしても損失が抑えられるため、高耐圧化に適していることになります。この構造により、4.5kVクラスまでのパワーデバイスは、IGBT形の素子が主流となっています。

一方、ターンオフ時には、コレクタ電流の経路となるpnpトランジスタの小数キャリヤ（正孔）の蓄積効果のため、テイル電流と呼ばれる期間が生じて、損失を発生します。従って、パワーMOSFETと比べ、高い周波数でのスイッチング用途には向きません。

Column 高い周波数がスイッチング用途に向かない理由

詳細はChapter.8（P.182）で後述しますが、ターンオフ時に電流がすぐに0にならず尾を引く（テイル電流）と、スイッチング損失が生じます。また、ターンオフ時間が長引くとデットタイムが長くなるため、スイッチング周波数を高くすることが不利になります。よって高い周波数のスイッチング用途には向きません。

Chapter 2

2.6 サイリスタ

サイリスタは、ダイオードにオフ状態からオン状態への制御機能を付加したスイッチング素子です。現在では大電力向けの用途に限られており、小電力用は生産されていません。**図 2.15** に、サイリスタの図記号を示します。

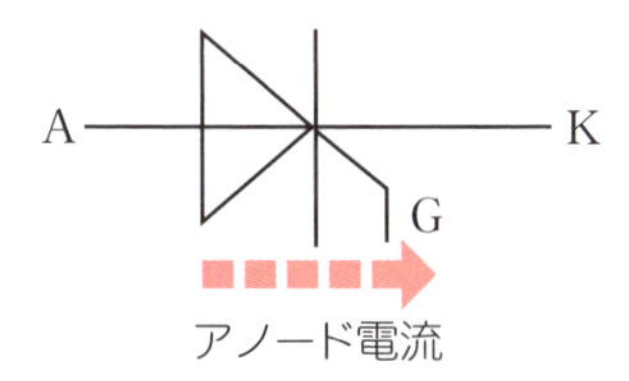

図 2.15　サイリスタの図記号

図 2.16 にサイリスタの構造と等価回路を示します。サイリスタは pnpn 構造になっており、等価的にトランジスタを 2 つ組み合わせた形となっています。

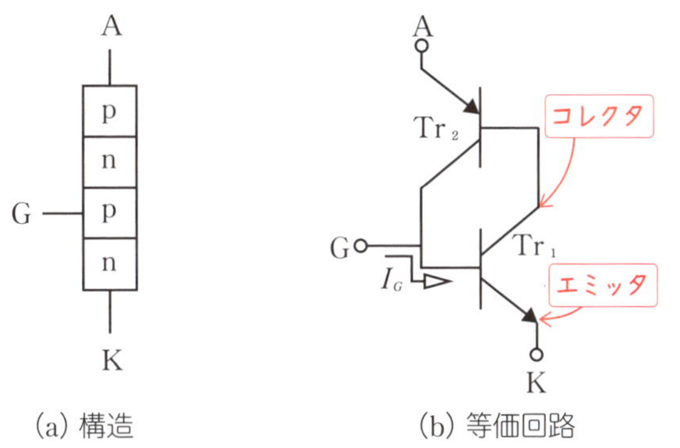

図 2.16　サイリスタの構造と等価回路

サイリスタは、順方向にも逆方向にも阻止能力を有したバイポーラ形デバイスです。以下で、順を追ってサイリスタの動作をみていきましょう。

●動作1　アノード・カソード間に順電圧を印加する

ゲート端子からカソード端子にゲート電流 I_G を流さない状態（0A）で、アノード・カソード間に順バイアスをかけます。n 層と p 層の間の接合に逆電圧が印加されるため、アノード電流は流れません。

●動作2　ゲート端子からカソード端子にゲート電流 I_G を流す（図 2.17）

アノード・カソード間に順バイアスをかけた状態で、ゲート端子からカソード端子にゲート電流 I_G を流します❶（これを**点弧**するといいます）。

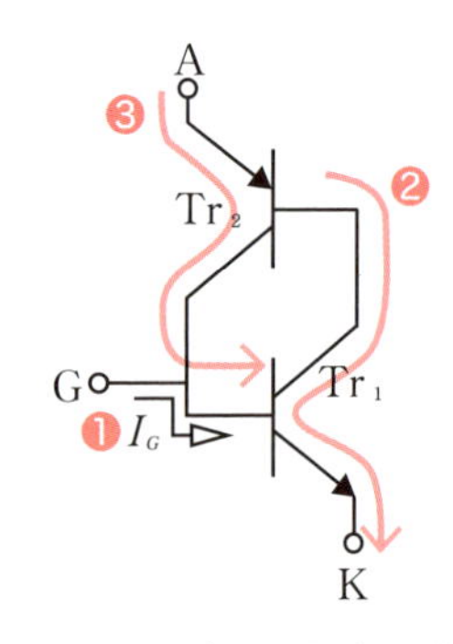

図 2.17　ゲート電流の流れ

点弧によりトランジスタ Tr_1 にベース電流が流れて、コレクタ電流が流れます❷。この電流はトランジスタ Tr_2 のベース電流になります。これにより、トランジスタ Tr_2 にコレクタ電流が流れます❸。この電流はトランジスタ Tr_1 のベース電流になっているので、トランジスタ Tr_1 のコレクタ電流をさらに増加させます。

このような正帰還により、サイリスタのアノード電流は急激に増加してオン状態となります。点弧してオン状態になると、ゲート電流 I_G がなくてもオン状態を維持します。従って、サイリスタを点弧するには、ごく短時間のパルス状の電流を流すだけでよいのです。

● 動作3　サイリスタをオフ状態にする

サイリスタには、ゲート電流 I_G でオン状態からオフ状態に制御することができないという性質があります。サイリスタをオフ状態にするには、アノード電流が**保持電流**と呼ばれる電流値を下回る（アノード電流が0Aになる）、あるいはアノード・カソード間に逆電圧を印加してサイリスタを逆阻止状態にする必要があります。

図2.18に、サイリスタの電流－電圧特性を示します。ゲート電流を流さない状態でアノード・カソード間に順バイアス、逆バイアスをかけても、それぞれ順阻止状態、逆阻止状態となるのでアノード電流は流れません。

また、ゲート電流を流すとダイオードと同じ特性になります。

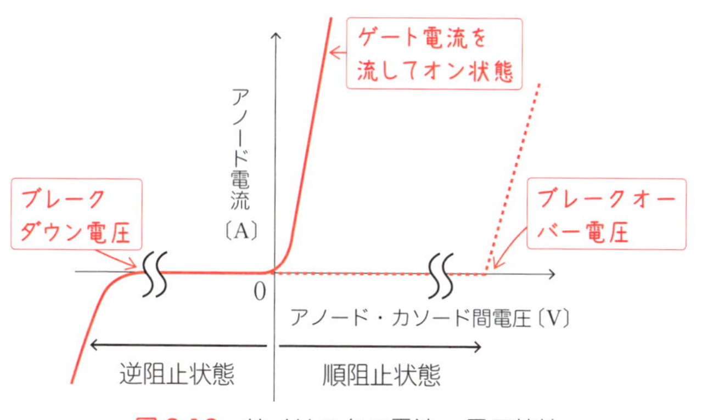

図2.18　サイリスタの電流－電圧特性

Chapter 2

2.7 パワーモジュール

パワーモジュールとは、複数のパワーデバイスを他の電子部品と一緒にひとつのパッケージにしたものです。**図 2.19** は三相インバータのパワーモジュールの外観の一例です。非常にシンプルな形状であることがわかります。

図 2.19　三相インバータ用 IGBT パワーモジュールの外観（三菱電機）

各パワーデバイスのスイッチング素子を駆動するためには、パワーモジュールのほかに**ドライバ**と呼ばれる駆動回路が必要になります。

一般に、それぞれの素子専用のドライバが市販されています。これらパワーデバイスとドライバをひとつのパッケージにしたものを **IPM**（Intelligent Power Module）といい、多くの種類の IPM が市販されています。

図 2.20 は、IPM の回路例です。多くのパワーデバイスと駆動回路が、ひとつのパッケージとして構成されています。

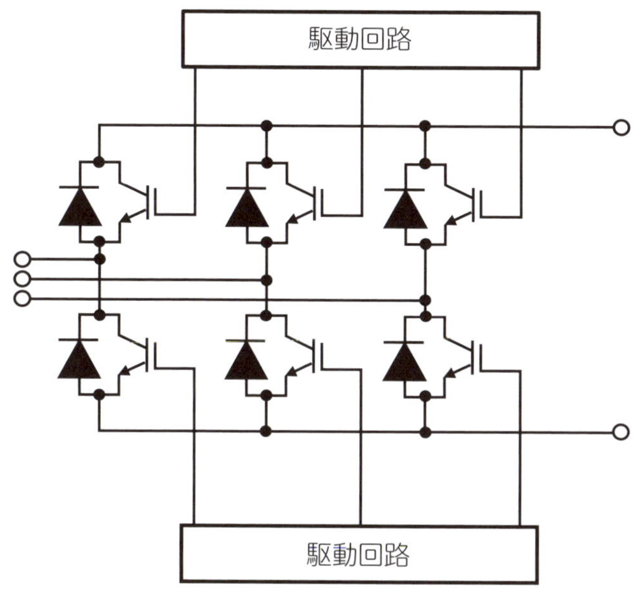

図 2.20　IPM 内の回路

パワーモジュールを使用することで、複数の素子が集積化され、装置の小型軽量化や高効率化、コストの低減が実現できます。

Chapter 2

2.8 パワーデバイスの適用範囲と次世代型

ここまでで解説してきたパワーデバイスの主な定格と特性は、**表 2.2** のとおりです。

表 2.2　パワーデバイスの主な定格と特性

パワーデバイス	定格電圧〔V〕	定格電流〔A〕	ターンオン時間〔μs〕	ターンオフ時間〔μs〕
パワーMOSFET	1,000	8	0.2	0.4
IGBT	1,200	600	0.8	0.4
サイリスタ	6,000	2,500	10	400

これらのパワーデバイスの適用範囲をまとめると、**図 2.21** のようになります。

サイリスタは、制御電力容量を最も大きくできるデバイスと言えます。

パワーMOSFET は、スイッチング周波数と損失の関係から、最も高周波数の用途に適したデバイスと言えます。

IGBT は、比較的高い周波数でパワーMOSFET より大きい電力容量に対応でき、産業用や家庭用の多くの機器に用いられる周波数や容量域で使用できるため、幅広い用途に適しています。

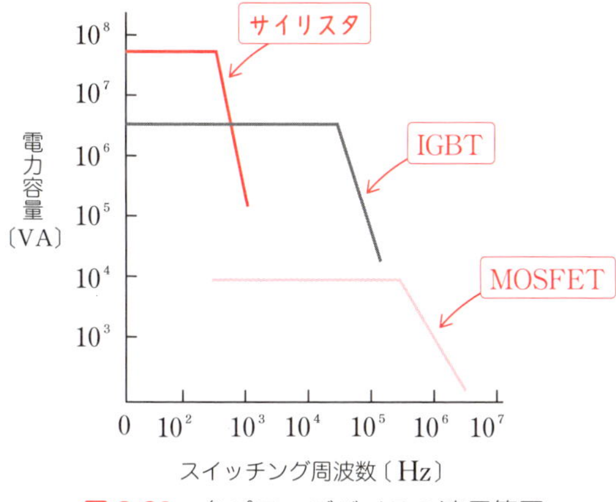

図 2.21 各パワーデバイスの適用範囲

ここまでで紹介した半導体素子の材料は、Si（シリコン）でした。しかし最近では、より性能の高い材料～SiC（シリコンカーバイド）やGaN（ガリウムナイトライド）～を使った半導体に大きな注目が集まっています。これらは、**ワイドバンドギャップ半導体パワーデバイス**と呼ばれます。

SiCは、Siと比べて絶縁破壊強度★が1桁高く、耐圧を保持するための層を薄くすることができます。これにより、従来のSiデバイスと比較すると、高耐圧でありながら低損失な素子が実現できます。SiCを使ったパワーデバイスは、モータ駆動のように高耐圧・大電流の用途に適しています。

GaNは、絶縁破壊強度がSiCよりもさらに高い材料ですが、Si基板上にGaN活性層を形成するため、SiCほどの高耐圧化はできません。GaNを使った半導体素子は、スイッチング電源の小型化や高周波用途等に適しています。

KeyWord
絶縁破壊強度
絶縁破壊強度（最大電界強度）は、ある物質に電界をかけたときに物質が壊れる寸前の限界値を表します。値が大きいほど壊れにくく、小さいほど壊れやすいことになります。

演習問題

1 ショットキーバリヤダイオードの特徴を述べてください。

2 パワーMOSFETの動作原理を説明してください。

3 パワーMOSFET、IGBT、サイリスタについて、電力容量やスイッチング周波数の適用範囲を述べてください。

演習問題 解答

1 高速スイッチング動作と低い順電圧降下という特徴があります。

2 2.4節参照

3 2.8節参照

power electronics

Chapter 3

直流電圧を上げ下げする“直流チョッパ回路”

Chapter.3 では、直流電圧の値を上げたり下げたりする回路〜直流チョッパ回路〜について解説します。直流チョッパ回路は、スイッチング素子を用いて高速でオン・オフ動作を行うことで、電圧を上げ下げします。

Chapter 3 Summary note

① 電圧を下げる（降圧チョッパ回路）

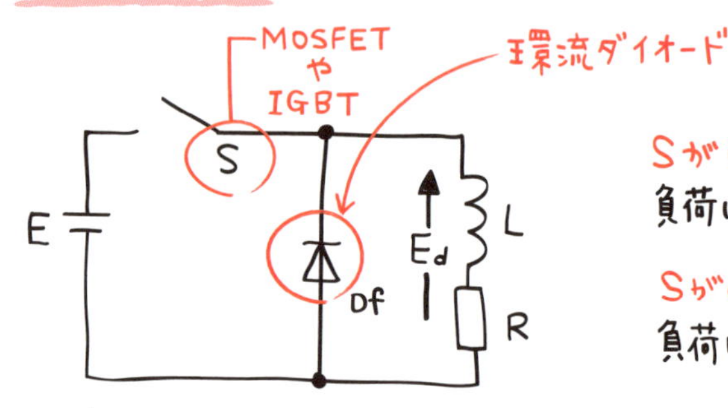

SがON
負荷にはEが印加

SがOFF
負荷には印加なし

$$E_d = \frac{t_{ON}}{t_{ON} + t_{OFF}} E = \frac{t_{ON}}{T} E = \alpha E$$

$$T = t_{ON} + t_{OFF}、\alpha = \frac{E_d}{E} = \frac{t_{ON}}{T} < 1$$

▶降圧チョッパ回路は、巻数比（通流率）αの直流変圧器

② 電圧を上げる（昇圧チョッパ回路）

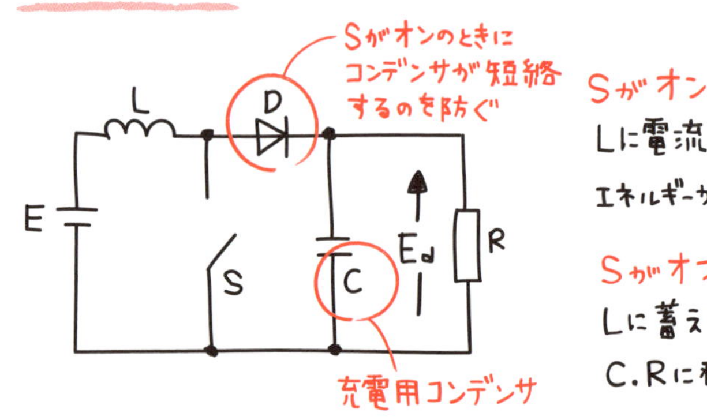

Sがオン
Lに電流が流れ、時間とともにエネルギーが蓄えられる

Sがオフ
Lに蓄えられたエネルギーがC.Rに移り、Cを充電する。

$$E_d = \frac{t_{ON} + t_{OFF}}{t_{OFF}} E = \frac{T}{t_{OFF}} E = \beta E$$

$$T = t_{ON} + t_{OFF}$$

$$\beta = \frac{E_d}{E} = \frac{T}{t_{OFF}} = \frac{1}{1-\alpha} > 1$$

▶昇圧チョッパ回路は、巻数比βの直流変圧器

③電圧を上げ下げする（昇降圧チョッパ回路）

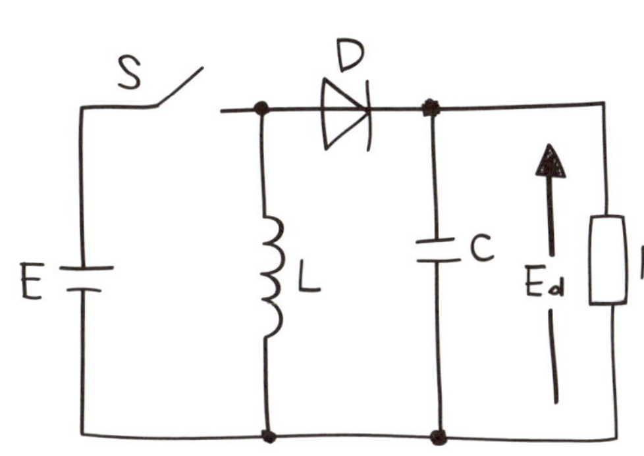

$$E_d = \frac{t_{ON}}{t_{OFF}}E = \frac{t_{ON}}{T - t_{ON}}E = \frac{\alpha}{1-\alpha}E = \gamma E$$

$$EI = E_d I_d$$

$$I_d = \frac{E}{E_d}I = \frac{1-\alpha}{\alpha}I = \frac{1}{\gamma}I$$

▶ 昇降圧チョッパ回路は巻数比γの直流変圧器

Sがオン

- Lに Eが印加。エネルギーが蓄えられる
- Dは逆バイアスによりオフ状態となる（CとRによる閉回路に）ためe_dは徐々に低下

Sがオフ

Lに蓄えられたエネルギーがC,Rに移りCを充電。
出力電圧の極性が反転。

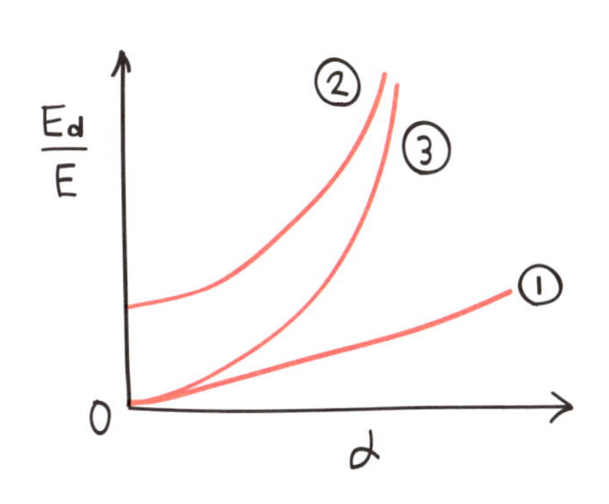

① 降圧チョッパ回路

② 昇圧チョッパ回路

③ 昇降圧チョッパ回路

Chapter 3

3.1 電圧を下げる“降圧チョッパ回路”

最初に、電圧を下げる**降圧チョッパ回路**についてみていきます。**図 3.1** に降圧チョッパの原理回路図と動作波形を示します。降圧チョッパ回路では、電源電圧より低い出力電圧を得ることができます。同図 (a) の E は電源電圧、L は平滑リアクトルと負荷の誘導成分の合成インダクタンス、R は負荷抵抗を表しています。負荷 (L-R 直列回路) は誘導性となるため、環流ダイオード★ D_f を挿入します。スイッチ S には MOSFET や IGBT などのスイッチング素子を用います。

なお、パワーエレクトロニクスでは扱う電力が大きいため、スイッチ S はスイッチング素子の電圧降下 (オン時) や漏れ電流 (オフ時) を無視した、**理想スイッチ**として扱います。

KeyWord
「チョッパ」の語源は？
“Chop”は、叩き切る、切り刻む等の意味です。電流が短い間隔（周期）で途切れながら続く（断続化）ので、チョッパといいます。

KeyWord
環流ダイオード
リアクトルLを含む回路では、スイッチを切る際に急に電流を切ることができないため、電流が流れ続けるための経路を確保するためにダイオードを設けます。このダイオードは、電流が環流して流れることから“環流ダイオード”と呼ばれています。

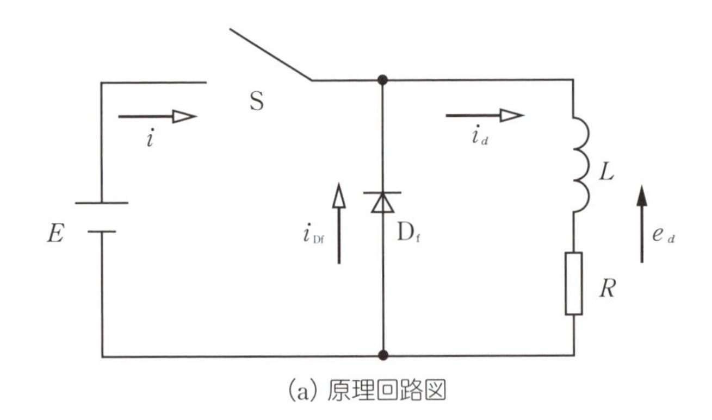

(a) 原理回路図

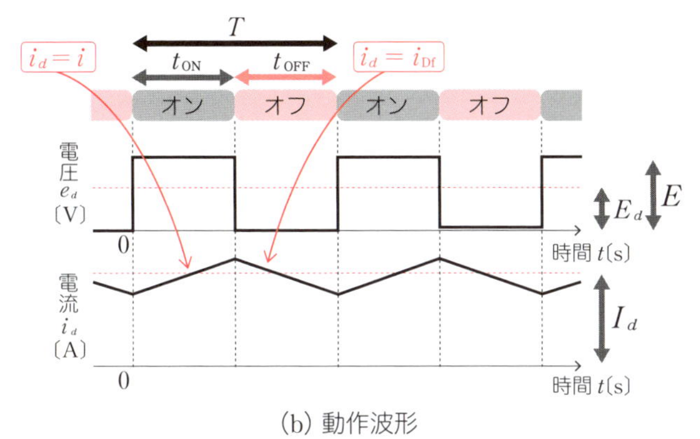

(b) 動作波形

図 3.1　降圧チョッパの原理図と動作波形

動作波形（図 3.1 (b)）をみると、周期 T でスイッチSのオン・オフを繰り返していることがわかります。スイッチSのオン・オフで異なるのは、電源電圧 E の印加の有無です。

- スイッチSがオンのとき⇒負荷には電源電圧 E が印加される
- スイッチSがオフのとき⇒負荷には電源電圧 E が印加されない

スイッチSのオン・オフを短い周期で繰り返し行うことで、負荷には電圧 e_d の平均値（等価）E_d が加わることになります。また、このオンとオフの時間比を変えることで、負荷にかかる電圧を連続的に変えられることがわかります。

平均値 E_d は、以下の式で計算できます。

$$E_d = \frac{t_{\mathrm{ON}}}{t_{\mathrm{ON}} + t_{\mathrm{OFF}}} E = \frac{t_{\mathrm{ON}}}{T} E = \alpha E \qquad (3.1)$$

ここで、

$$T = t_{\mathrm{ON}} + t_{\mathrm{OFF}}、\alpha = \frac{E_d}{E} = \frac{t_{\mathrm{ON}}}{T} < 1 \qquad (3.1')$$

としたとき、α を**通流率**と呼びます。

(3.1) 式より、通流率 α の値を変化させる（オンとオフの時間比を変える）ことで、負荷電圧の平均値 E_d が変わることがわかります。例えば、通流率 α が 50％の場合は、$E_d = 0.5E$ です。

さらに、原理回路図（図 3.1 (a)）を「スイッチ S がオンのとき」「スイッチ S がオフのとき」で分けて回路を確認し、それぞれの波形を解析してみましょう。

❶ スイッチ S がオンのとき

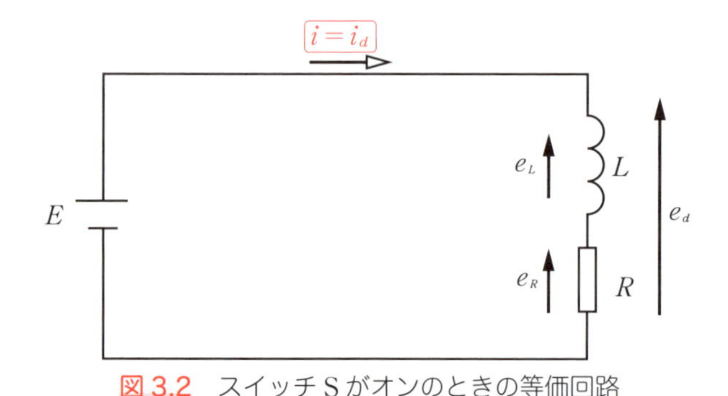

図 3.2　スイッチ S がオンのときの等価回路

KeyWord
「順バイアス」と「逆バイアス」
アノード側に正の電圧、カソード側に負の電圧を印加することを「順バイアス」といいます。反対に、アノード側に負電圧を印加することを「逆バイアス」といいます。

スイッチ S がオンのときは、環流ダイオード D_f に**逆バイアス**★がかかります。つまり、環流ダイオード D_f がオフ状態となるため、**図 3.2** のような等価回路になり、入力電流 i と負荷電流 i_d の値は等しくなります。

この等価回路では、次式が成り立ちます。

$$e_L + e_R = E \tag{3.2}$$

$$L\frac{di_d}{dt} + Ri_d = E \tag{3.3}$$

電流の初期条件を I_1 として (3.3) 式を解くと、負荷電流 i_d は、

$$i_d = I_1 e^{-\frac{R}{L}t} + \frac{E}{R}\left(1 - e^{-\frac{R}{L}t}\right) \tag{3.4}$$

となります。(3.4) 式は、負荷電流 i_d が時間 t の経過とともに増加する特性を示しています。(3.4) 式中の $\frac{R}{L}$ の逆数となる $\frac{L}{R}$ は**時定数** (τ〔s〕) と呼ばれています。時定数 τ が大きくなると、負荷電流 i_d の時間的変化は小さくなることがわかります。

❷ スイッチ S がオフのとき

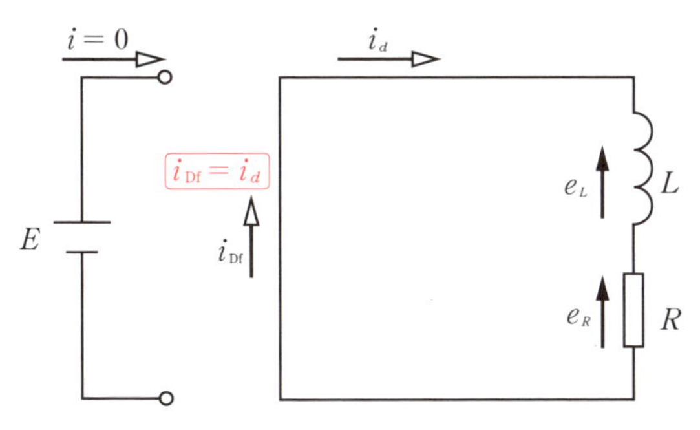

図 3.3 スイッチ S がオフのときの等価回路

スイッチSをオフにしても、インダクタンスLに流れる負荷電流i_dは急に0になりません。つまり、環流ダイオードD_fがオン状態となるため、**図3.3**のような等価回路になります。この回路では、環流ダイオード電流i_{Df}と、負荷電流i_dの値が等しくなります。

この等価回路では、次式が成り立ちます。

$$e_L + e_R = 0 \quad (3.5)$$

$$L\frac{di_d}{dt} + Ri_d = 0 \quad (3.6)$$

電流の初期条件をI_2として(3.6)式を解くと、負荷電流i_dは、

$$i_d = I_2 e^{-\frac{R}{L}t} \quad (3.7)$$

となります。(3.7)式は、負荷電流i_dが時間の経過とともに減少する特性を示しています。

❸ 動作波形

得られた(3.4)式、(3.7)式を元に、それぞれの動作波形をみてみます。

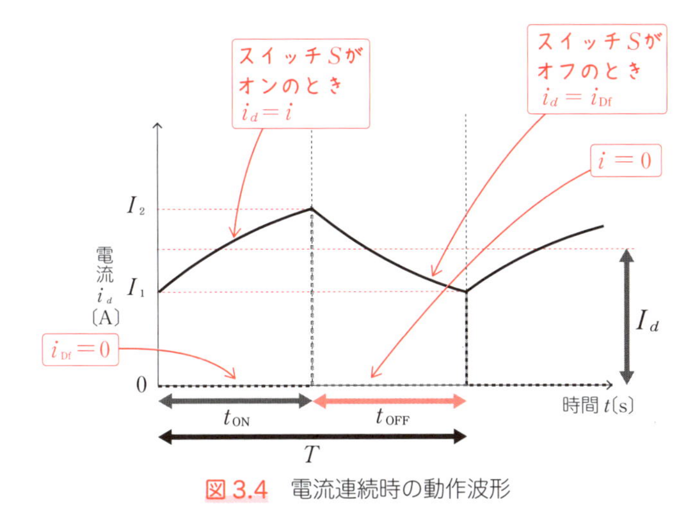

図 3.4　電流連続時の動作波形

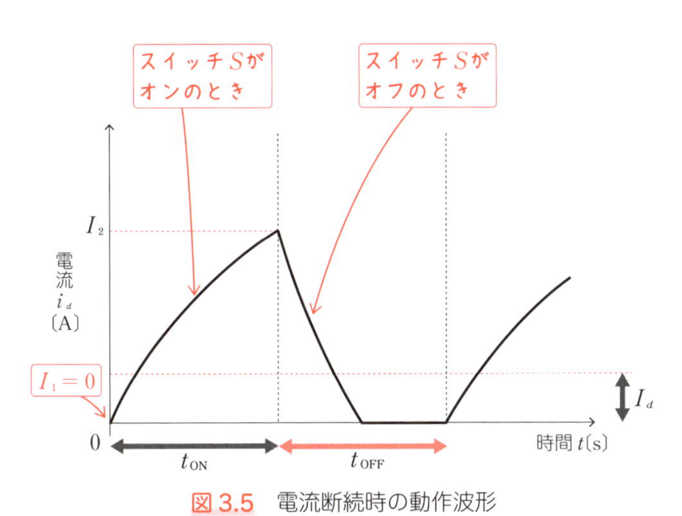

図 3.5　電流断続時の動作波形

電流連続時の動作波形（**図 3.4**）では、負荷電流 i_d は途切れることなく連続しています。

電流断続時の動作波形（**図 3.5**）では、負荷電流 i_d は t_{OFF} の一部で 0 になり、断続しています。

負荷抵抗 R が大きくなって負荷電流 i_d が小さくなる

と、インダクタンスLの電流が減少し、t_{ON}のときの電流初期値が0になって負荷電流が断続します。また、インダクタンスLが小さく電流の傾きが大きい場合も、同様に負荷電流i_dが断続します。

KeyWord
脈動
スイッチSのオン・オフに伴って、電流が上昇したり下降したりして脈を打っているような状態のこと。

時定数τが大きいと、i_dの**リップル**（**脈動**）は小さくなり、平均値I_dに近づきます。

図3.6に示すように、インダクタンスLにかかる電圧e_Lは、インダクタンスLを流れる負荷電流i_dの時間に対する傾き（微分）に対応しています。t_{ON}では正の値となり、t_{OFF}では負の値となります。定常状態では、t_{ON}の期間でインダクタンスLに蓄えられたエネルギーは、t_{OFF}の期間で環流ダイオードを通してすべて放出されます。これにより交流条件を満たし、インダクタンスLにかかる電圧e_Lの平均値E_Lは0V（磁束の増加分と減少分は等しく、磁束はインダクタンスLにかかる電圧e_Lの時間積分に対応する）になります。従って、負荷抵抗Rにかかる平均電圧は、負荷電圧e_dの平均値$E_d=\alpha E$と等しくなります。言い方を換えれば「負荷電圧e_dの交流成分をインダクタンスLが受け持ち、直流成分を負荷抵抗Rが受け持っている」ということになります。

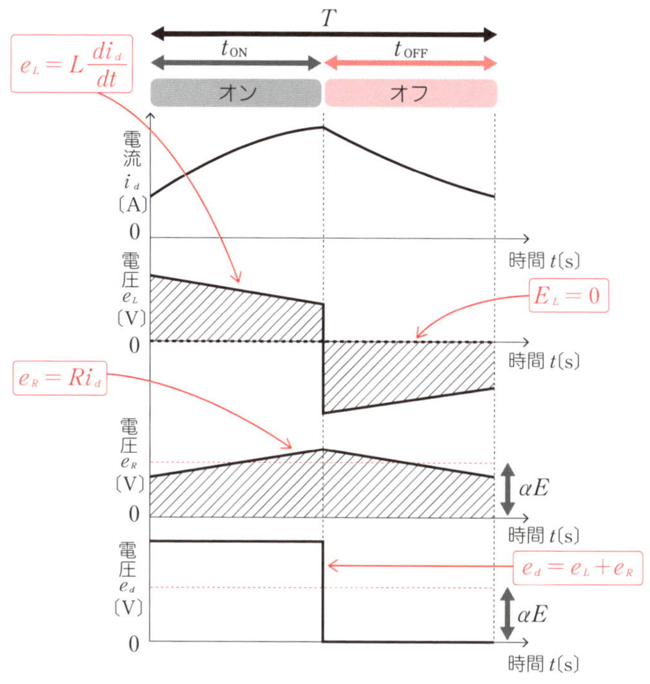

図 3.6 降圧チョッパ回路の各部波形

図 3.1 (a) でスイッチ S を理想スイッチとし、環流ダイオードD_f の損失を無視すれば、負荷抵抗 R 以外にエネルギーの消費がないので、以下の式が成り立ちます。

$$EI = E_d I_d \tag{3.8}$$

従って、以下の関係が成り立ちます。

$$I_d = \frac{E}{E_d} I = \frac{I}{\alpha} \tag{3.9}$$

(3.1) 式、(3.9) 式より降圧チョッパ回路は、**巻数比 α の直流変圧器**とみなすことができます。

Chapter 3

3.2 電圧を上げる“昇圧チョッパ回路”

続いて、電圧を上げる**昇圧チョッパ回路**についてみていきます。**図 3.7** に昇圧チョッパ回路の原理回路図と動作波形を示します。この回路では、電源電圧より高い出力電圧を得ることができます。L は昇圧用コイル、C は充電用コンデンサ、S は理想スイッチを表しています。ダイオード D は、スイッチ S がオンのときにコンデンサの短絡を防止する働きがあります。

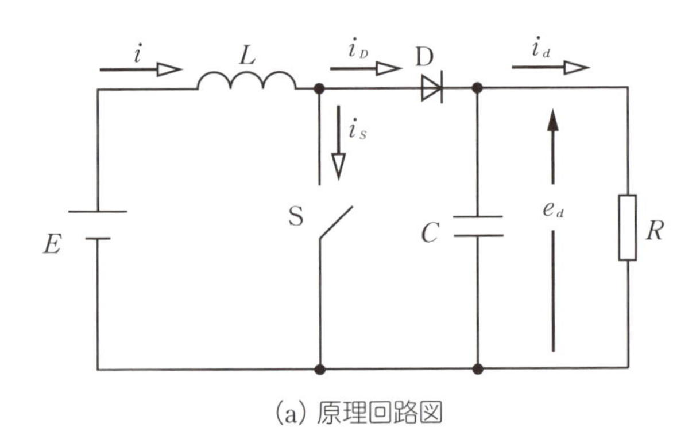

(a) 原理回路図

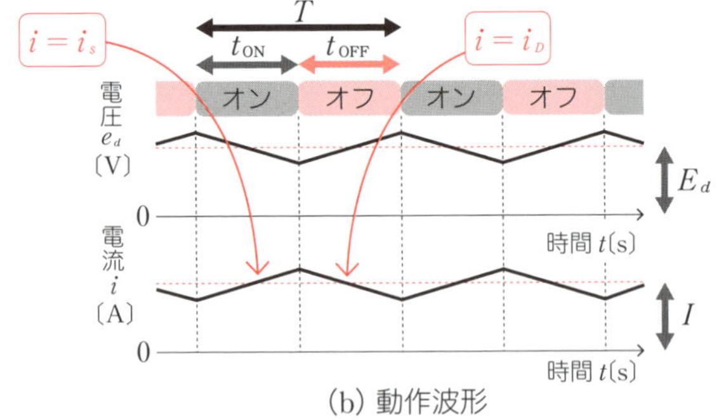

(b) 動作波形

図 3.7 昇圧チョッパの原理回路図と動作波形

スイッチSがオンになると、昇圧用コイルLに電源電圧Eが直接印加されます。昇圧用コイルLの電流が時間の経過とともに上昇し、エネルギーが蓄えられます。

スイッチSがオフになると、昇圧用コイルLに蓄えられたエネルギーは、ダイオードDを通して充電用コンデンサCと負荷抵抗Rに移り、充電用コンデンサCを充電します。

ここで、昇圧用コイルLと充電用コンデンサCの値が十分大きく、入力電流iと負荷電圧e_dの値がほぼ一定（この値をそれぞれIとE_dとします）であるとしましょう。このとき、昇圧用コイルLに蓄えられるエネルギーは、それぞれ以下のようになります。

- スイッチSがオンのとき⇒EIt_{ON}
- スイッチSがオフのとき⇒$(E_d-E)It_{\mathrm{OFF}}$

これらは定常状態において、エネルギー保存則により等しくなるので、以下の式が成り立ちます。

$$EIt_{\mathrm{ON}}=(E_d-E)It_{\mathrm{OFF}} \tag{3.10}$$

$$E_d=\frac{t_{\mathrm{ON}}+t_{\mathrm{OFF}}}{t_{\mathrm{OFF}}}E=\frac{T}{t_{\mathrm{OFF}}}E=\beta E \tag{3.11}$$

ただし、$T=t_{\mathrm{ON}}+t_{\mathrm{OFF}}$

$$\beta=\frac{E_d}{E}=\frac{T}{t_{\mathrm{OFF}}}=\frac{1}{1-\alpha}<1 \tag{3.11'}$$

さらに、スイッチSとダイオードDの損失を無視すれば、以下の式が成り立ちます。

$$EI = E_d I_d \tag{3.12}$$

βは必ず1より大きくなるため、出力電圧E_dは入力電圧Eより高くなります。例えば、通流率αが50%であれば、(3.11')式より$\beta = 2$となるので$E_d = 2E$となります。

次に原理回路図の波形を解析してみましょう。ここでは**図3.8**に示すように、電源から出力側に電力を送る場合の例を示します。この場合、コンデンサ電圧はE_dで一定です。また、コンデンサ電流$\left(C\dfrac{dE_d}{dt} = 0\right)$が流れないため、解析では充電用コンデンサ$C$を無視して考えることができます。なお、$R$は入力電源の内部抵抗を表しています。

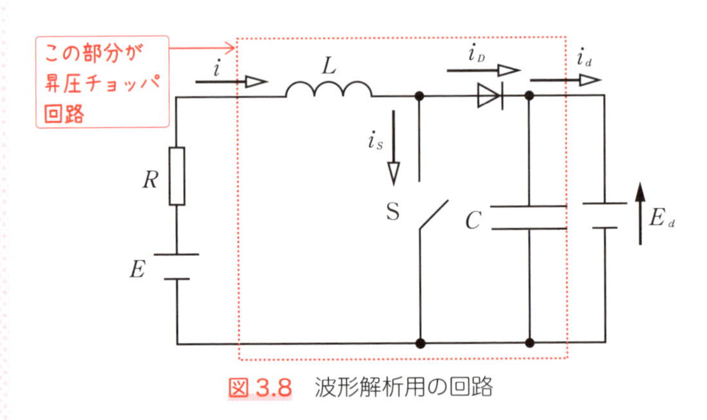

図3.8　波形解析用の回路

解析は3.1節のときと同様に、「スイッチSがオンのとき」「スイッチSがオフのとき」で分けて考えます。

❶ スイッチSがオンのとき

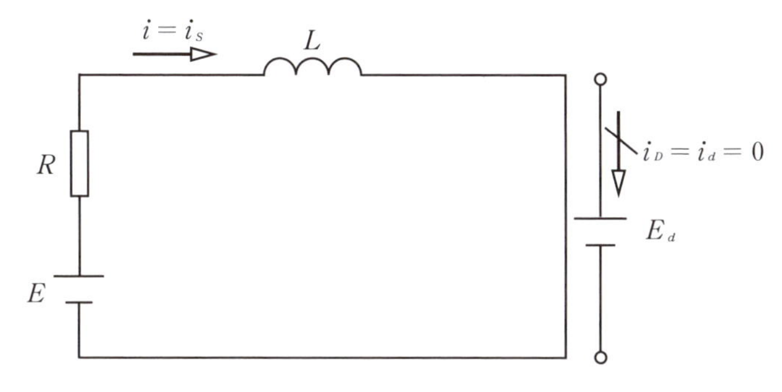

図 3.9　スイッチSがオンのとき等価回路

スイッチSがオンのときの等価回路は、**図 3.9** のようになります。

回路方程式は、以下のようになります。

$$L\frac{di}{dt}+Ri=E \tag{3.13}$$

電流 i の初期条件を I_1 として、回路方程式を解くと、

$$i=I_1e^{-\frac{R}{L}t}+\frac{E}{R}\left(1-e^{-\frac{R}{L}t}\right) \tag{3.14}$$

となります。(3.14) 式より、電流 i は、時間 t の経過とともに増加する特性を示しています。

❷ スイッチSがオフのとき

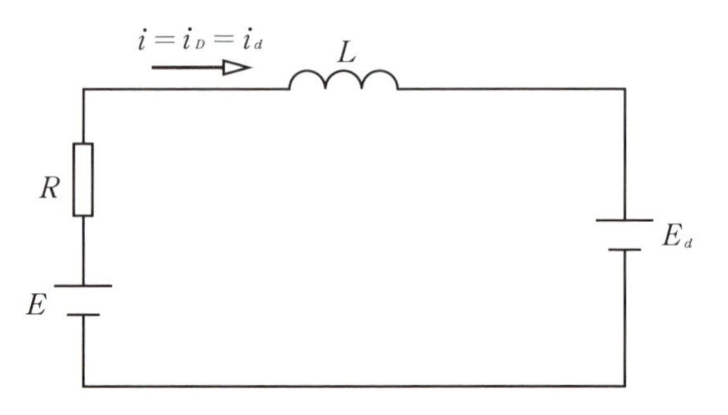

図 3.10　スイッチSがオフのときの等価回路

スイッチSがオフのときの等価回路は、**図 3.10** のようになります。

回路方程式は、以下のようになります。

$$L\frac{di}{dt}+Ri=(E-E_d) \tag{3.15}$$

電流 i の初期条件を I_2 として、回路方程式を解くと、

$$i=I_2e^{-\frac{R}{L}t}+\frac{E-E_d}{R}\left(1-e^{-\frac{R}{L}t}\right) \tag{3.16}$$

となります。$E_d>E$、及び (3.16) 式より、電流 i は時間 t の経過とともに減少する特性を示しています。

❸ 動作波形

得られた(3.14)式、(3.16)式を元に、それぞれの動作波形を描いてみます。

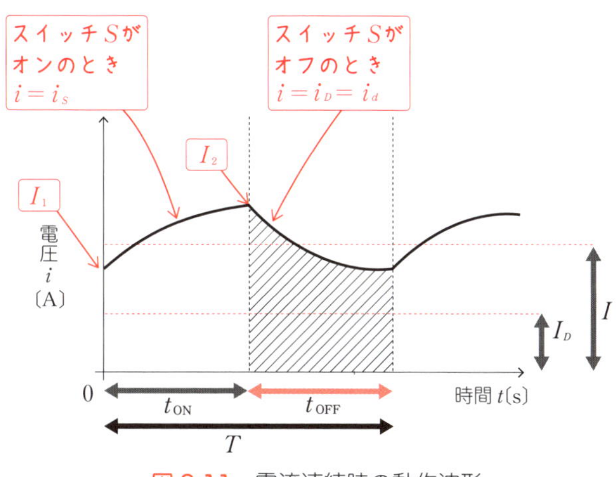

図 3.11　電流連続時の動作波形

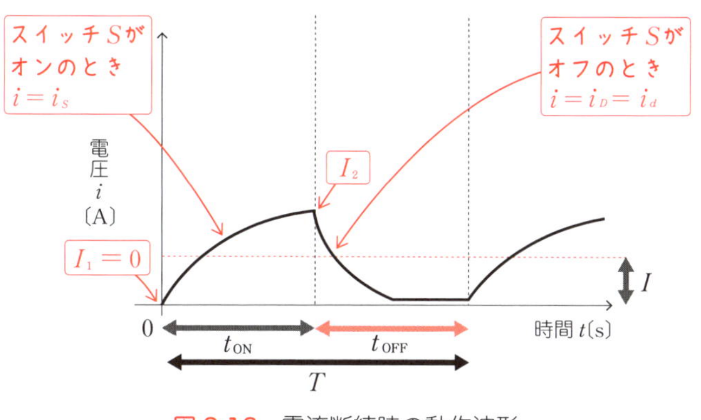

図 3.12　電流断続時の動作波形

電流連続時の動作波形(**図 3.11**)は、入力電流 i が連続しています。

電流断続時の動作波形(**図 3.12**)は、入力電流 i が

t_{OFF} の一部で断続しています。同図の t_{OFF} で電流が 0 になっている期間は、図 3.7 (a) のダイオード D の作用で電流が負の方向に流れないことによるものです。この期間の等価回路は、**図 3.13** のようになります。

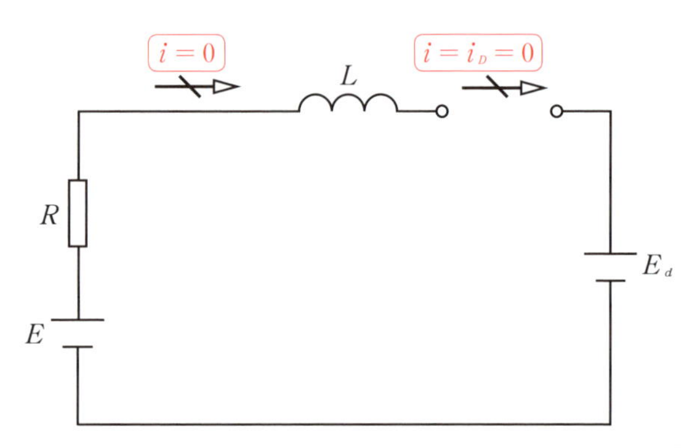

図 3.13　電流断続時の電流が 0 のときの等価回路

昇圧用コイル L の値が大きくなると、入力電流 i の傾きが小さくなるので、リップル（脈動）は小さくなり平均値 I に近づきます。ダイオード電流 i_D は図 3.11 の斜線の部分になり、その平均値は点線で示す I_D になります。

また、(3.12) 式より、以下の関係が成り立ちます。

$$I_d = \frac{E}{E_d} I = \frac{I}{\beta} \qquad (3.17)$$

(3.11) 式、(3.17) 式より昇圧チョッパ回路は、**巻数比 β の直流変圧器**とみなすことができます。

3.3 電圧を上げ下げする回路 “昇降圧チョッパ回路”

ここでは、ひとつの回路で電圧を上げたり下げたりする**昇降圧チョッパ回路**についてみていきます。**図 3.14** に、昇降圧チョッパ回路の原理回路図と動作波形を示します。この回路は、電源電圧より高い電圧や低い電圧を得ることができます。

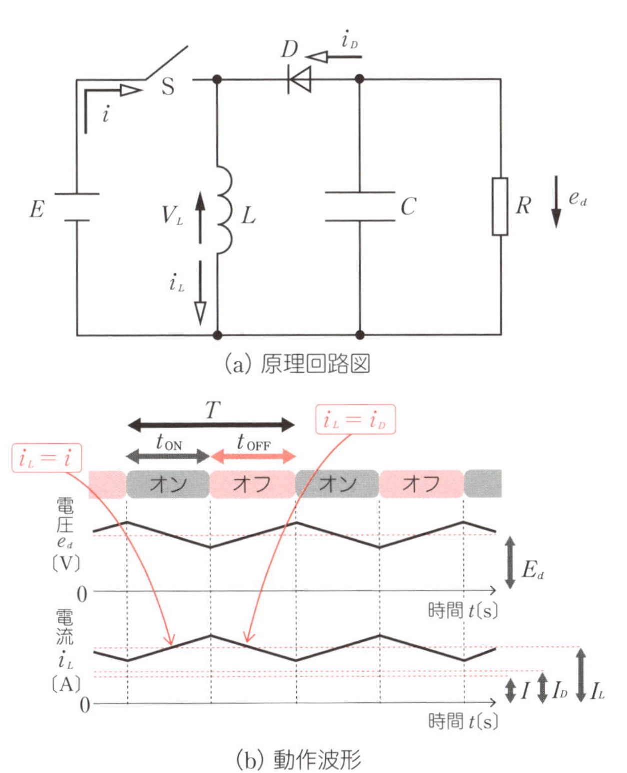

図 3.14　昇降圧チョッパ回路の原理図と動作波形

スイッチSがオンのときの等価回路を、**図 3.15** に示します。昇降圧用コイル L に電源電圧 E が直接印加されるので、昇降圧用コイル L に電流が流れ、徐々に上昇していきエネルギーが蓄えられていきます。一方、ダイオードDは電源電圧 E とコンデンサ電圧 e_d で逆バイアスを受けてオフ状態になり、充電用コンデンサ C と負荷抵抗 R による閉回路が構成されます。従って、コンデンサ C に蓄えられたエネルギーは負荷抵抗 R を通して消費され、コンデンサ電圧 e_d は徐々に低下していきます。

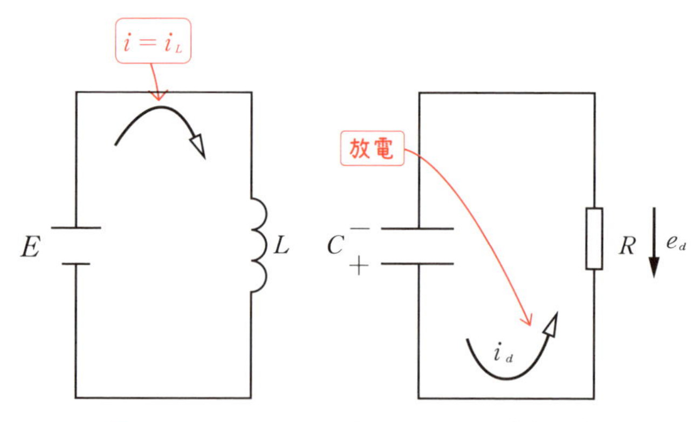

図 3.15　スイッチSがオンのときの等価回路

スイッチSがオフのときの等価回路を、**図 3.16** に示します。スイッチSがオフになると、昇降圧用コイル L に蓄えられたエネルギーは、ダイオード D を通して、充電用コンデンサ C、負荷抵抗 R に移り、充電用コンデンサ C を充電します。電流 i_D は図 3.16 に示す方向に流れ、コンデンサは下側がプラスに充電されるので、**出**

力電圧の極性が反転します。

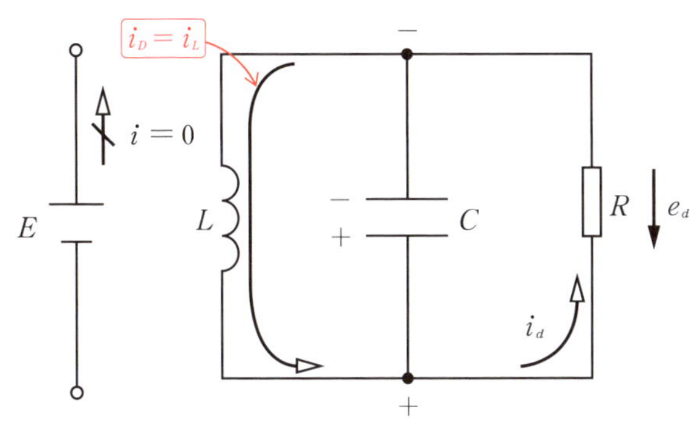

図 3.16　スイッチ S がオフのときの等価回路

定常状態では、昇降圧用コイル L にかかる電圧 v_L の時間積分は一周期の間で 0 になります。昇降圧用コイル L の値が十分に大きく、電流のリップル（脈動）がほとんどないとすると、

$$E t_{\mathrm{ON}} = E_d t_{\mathrm{OFF}} \tag{3.18}$$

の関係が成り立ちます。

従って、出力電圧 E_d は、

$$E_d = \frac{t_{\mathrm{ON}}}{t_{\mathrm{OFF}}} E = \frac{t_{\mathrm{ON}}}{T - t_{\mathrm{ON}}} E = \frac{\alpha}{1-\alpha} E = \gamma E \tag{3.19}$$

となり、通流率 α を変えることで電源電圧を上げたり下げたりすることができます。例えば、通流率 50％で $E_d = E$ となります。

ここで、スイッチSの損失がないものとすれば、

$$EI = E_d I_d \tag{3.20}$$

が成り立ちます。従って、

$$I_d = \frac{E}{E_d} I = \frac{1-\alpha}{\alpha} I = \frac{I}{\gamma} \tag{3.21}$$

となり、(3.19) 式及び (3.21) 式より、昇降圧チョッパ回路も**巻数比 γ の直流変圧器**とみなすことができます。

図 3.17 はこれらの各種チョッパ回路の電圧変換率 (E_d/E) の特性をまとめて示したものです。

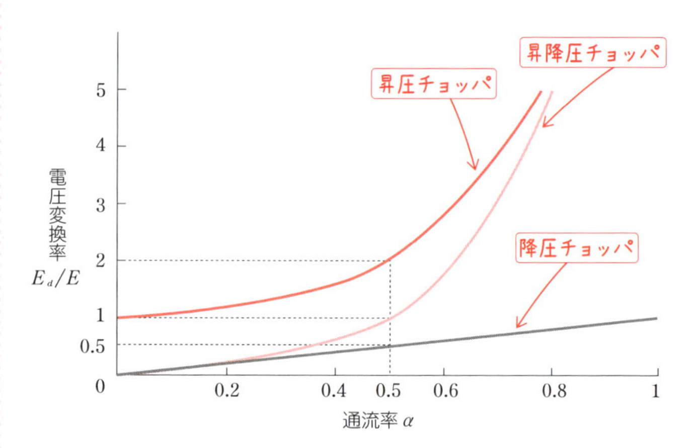

図 3.17　各種チョッパ回路の特性

演習問題

1 降圧チョッパ回路の入力電圧 E を 100V、負荷抵抗 R を 5Ω、平滑リアクトル L を 10mH とし、通流率 α を 50%とした場合、以下の問いに答えましょう。ただし、回路は定常状態であるとします。

(1) **降圧チョッパ回路のスイッチの t_{ON}、t_{OFF} と入力電圧 E、出力電圧 E_d の関係を示しましょう。**

(2) **負荷電圧の平均値 E_d を求めましょう。**

(3) **入力電流の平均値 I と、負荷電流 i_d の平均値 I_d を求めましょう。**

2 昇圧チョッパ回路の入力電圧 E を 100V、負荷抵抗 R を 5Ω、平滑リアクトルのインダクタンス L とコンデンサの静電容量 C は十分に大きいと仮定し、β を 2 とした場合、以下の問いに答えましょう。ただし、電流は連続であり、回路は定常状態であるとします。

(1) **昇圧チョッパ回路のスイッチの t_{ON}、t_{OFF} と入力電圧 E、出力電圧 E_d の関係を示しましょう。**

(2) **負荷電圧の平均値 E_d を求めましょう。**

(3) **入力電流 i の平均値 I と、負荷電流 i_d の平均値 I_d を求めましょう。**

3 昇降圧チョッパ回路の入力電圧 E を 100V、負荷抵抗 R を 5Ω、平滑リアクトルのインダクタンス L とコンデンサの静電容量 C は十分に大きいと仮定し、γ を 2 とした場合、以下の問いに答えましょう。ただし、電流は連続であり、回路は定常状態であるとします。

(1) **昇降圧チョッパ回路のスイッチの t_{ON}、t_{OFF} と入力電圧 E、出力電圧 E_d の関係を示しましょう。**

(2) **γ が 2 のとき通流率 α の値を求めましょう。**

(3) **負荷電圧の平均値 E_d を求めましょう。**

(4) **入力電流 i の平均値 I と、負荷電流 i_d の平均値 I_d を求めましょう。**

演習問題 解答

1

(1) $E_d = \dfrac{t_{ON}}{t_{ON} + t_{OFF}} E = \dfrac{t_{ON}}{T} E = \alpha E$

(2) 50V

(3) $I_d = 50/5 = 10$〔A〕

$I = I_d \times \alpha = 10 \times 0.5 = 5$〔A〕

2

(1) $E = \dfrac{t_{ON} + t_{OFF}}{t_{OFF}} E = \dfrac{T}{t_{OFF}} E = \beta E$

(2) 200V

(3) $I_d = 200/5 = 40$〔A〕　$P_d = 200 \times 40 = 8{,}000$〔W〕

$8{,}000 = 100 \times I$　　$I = 8{,}000/100 = 80$〔A〕

3

(1) $E = \dfrac{t_{ON}}{t_{OFF}} E = \gamma E$

(2) $\dfrac{\alpha}{1-\alpha} = 2$

$\alpha = 2(1-\alpha)$

$\alpha = 2 - 2\alpha$

$3\alpha = 2$

$\alpha = 2/3 = 0.67$

(3) 200V

(4) $I_d = 200/5 = 40$〔A〕　$P_d = 200 \times 40 = 8{,}000$〔W〕

$8{,}000 = 100 \times I$　　$I = 8{,}000/100 = 80$〔A〕

power electronics

Chapter 4

交流を直流に変換する“整流回路”

Chapter.4 では、交流を直流に変換する回路～整流回路～について解説します。整流回路では、変換方式の違いや電力容量の違いによって、それぞれ回路が異なります。回路図や動作波形を確認しながら読み進めてください。

Chapter 4 Summary note

AC→DCのしくみと回路

整流回路

単相半波ダイオード整流回路　AC→DCの最も簡単な回路

- 抵抗負荷

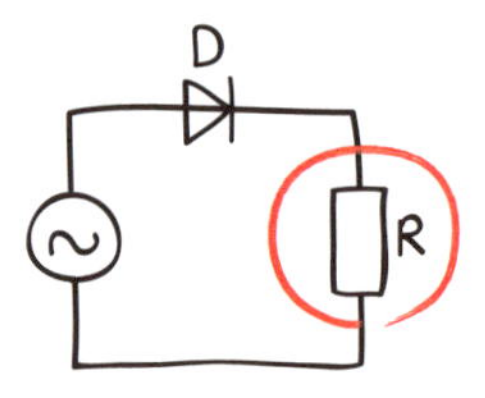

負荷抵抗Rのみ

- 誘導性負荷

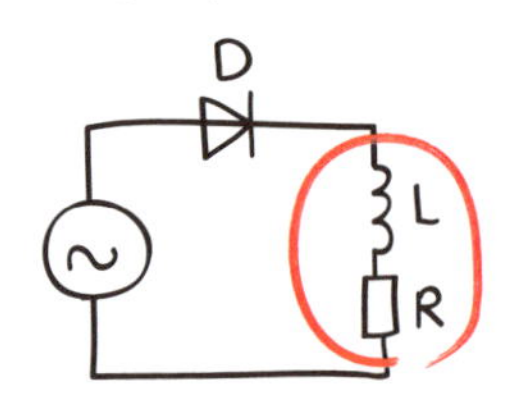

誘導性負荷
L成分を含む

- 環流ダイオード付

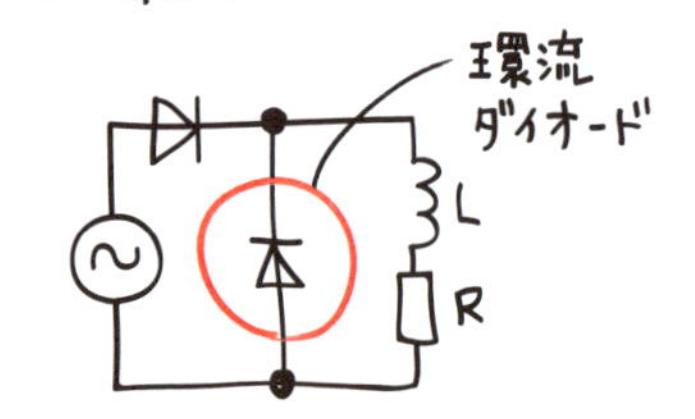

環流ダイオードによって
電流の連続とエネルギー
効率の向上

単相全波ダイオード整流回路　半波整流の2倍の出力電圧

- 抵抗負荷

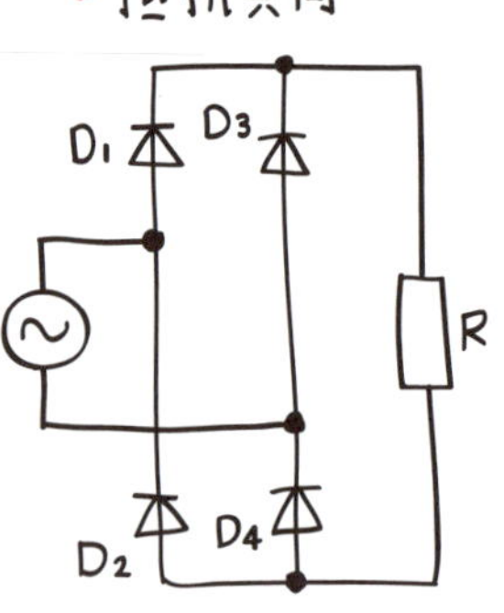

負荷抵抗Rのみ

- 誘導性負荷

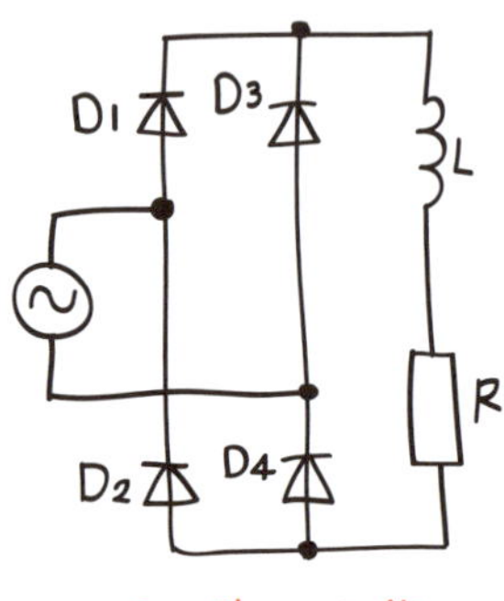

誘導性負荷
L成分を含む

- 交流側のインダクタンス考慮

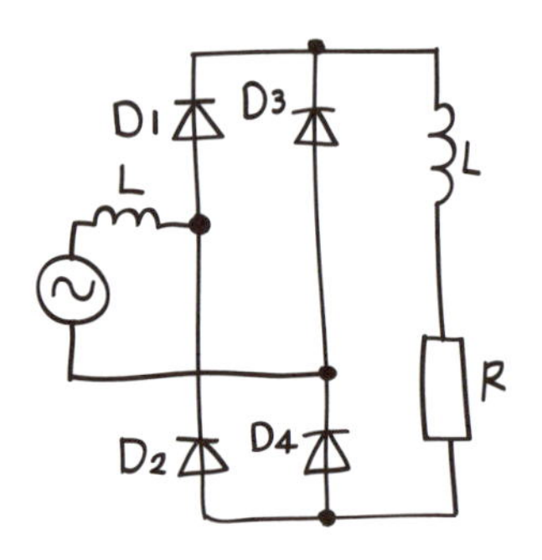

実際には交流側に
Lがあり、転流現象に
よって出力が少し低下する

単相全波

コンデンサ入力形整流回路

ノイズ
リップル成分を取り除く

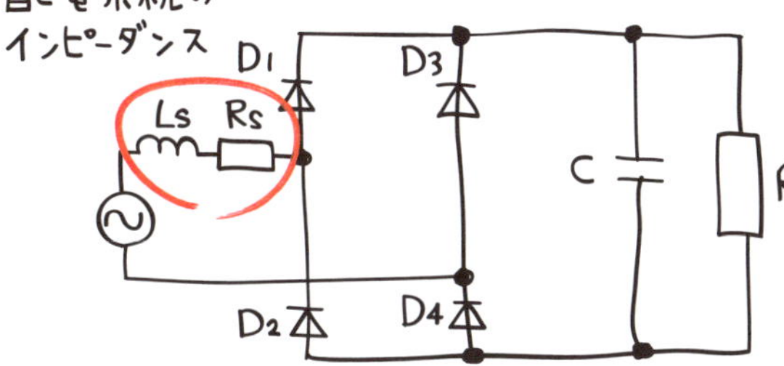

商用電源から直流を得る小容量の電気機器でよく使用される。

サイリスタ位相制御整流回路

AC→DC＆電圧の値を変化

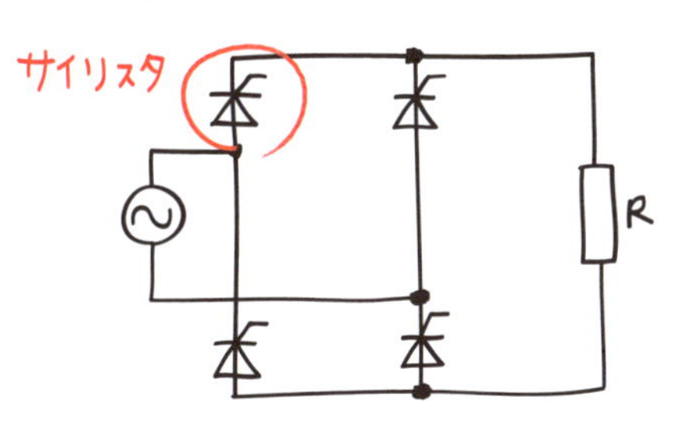

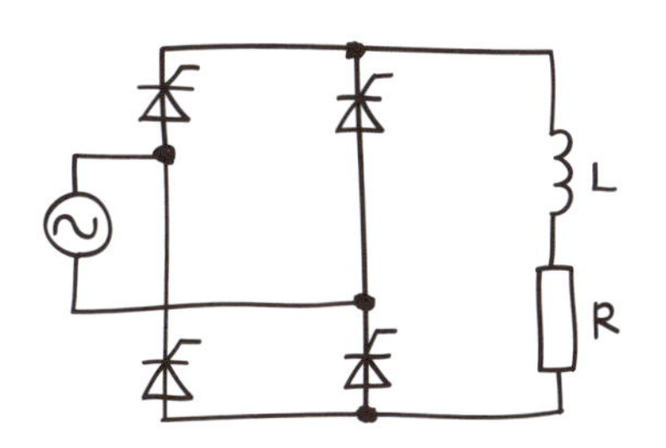

三相全波ダイオード整流回路

大電力のAC－DC変換

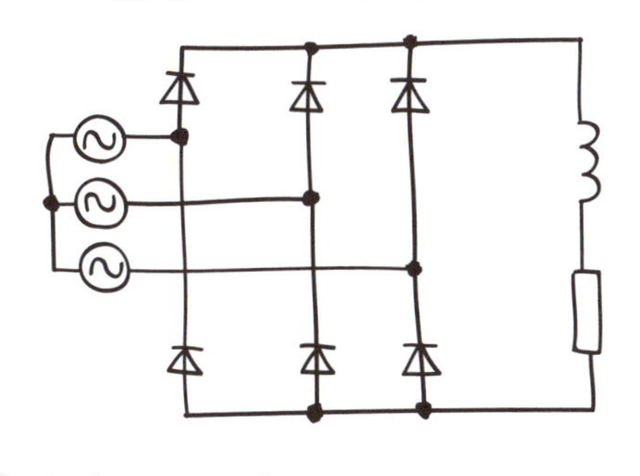

三相全波サイリスタ整流回路

大電力のAC－DC＆電圧の値の変化

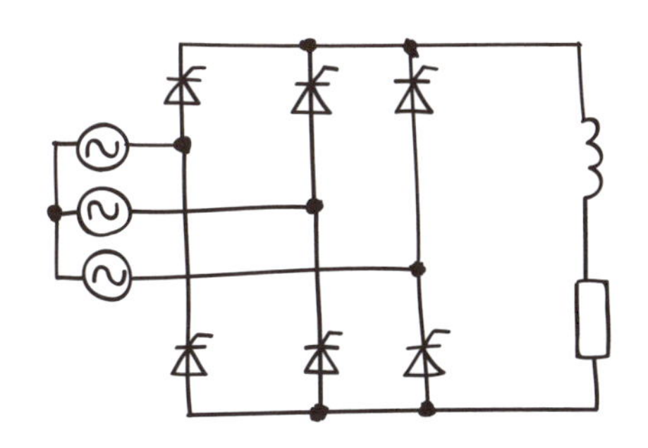

Chapter 4

4.1 整流回路の種類と用途

交流を直流に変換する回路を**整流回路**といいます。

変換の元となる交流電力は、正負の電気が交互に流れます。正負の電気のうち、片方のみを流して直流に変換する方式を**半波整流回路**と呼びます。また、正負の電気の一方を反転させることで、直流に変換する方式を**全波整流回路**と呼びます。

なお、小さな電力（単相）を変換する場合と、大きな電力（三相）を変換する場合では、回路構成が異なります。本章で解説する主な整流回路を**表 4.1** にまとめます。

表 4.1 主な整流回路の種類

<table>
<tr><td rowspan="4">小さな電力の変換
（単相整流回路）</td><td>半波</td><td>単相半波ダイオード整流回路</td><td>⇒ 4.2 節（P.75）</td></tr>
<tr><td rowspan="3">全波</td><td>単相全波ダイオード整流回路</td><td>⇒ 4.3 節（P.87）</td></tr>
<tr><td>単相全波コンデンサ入力形整流回路</td><td>⇒ 4.4 節（P.94）</td></tr>
<tr><td>サイリスタ位相制御整流回路</td><td>⇒ 4.5 節（P.96）</td></tr>
<tr><td rowspan="2">大きな電力の変換
（三相整流回路）</td><td rowspan="2">全波</td><td>三相全波ダイオード整流回路</td><td>⇒ 4.6 節（P.100）</td></tr>
<tr><td>三相全波サイリスタ整流回路</td><td>⇒ 4.7 節（P.105）</td></tr>
</table>

以下の節では、小さな電力（単相）を変換する場合から順に、それぞれの回路構成と動作波形を示しながら、変換の仕組みを解説していきます。

Chapter 4

4.2 −小さな電力の変換（単相整流回路）1 − 単相半波ダイオード整流回路

❶ 抵抗負荷の場合

整流回路の最も簡単な例として、**単相半波ダイオード整流回路**をみていきます。回路構成と動作波形を**図 4.1**に示します。

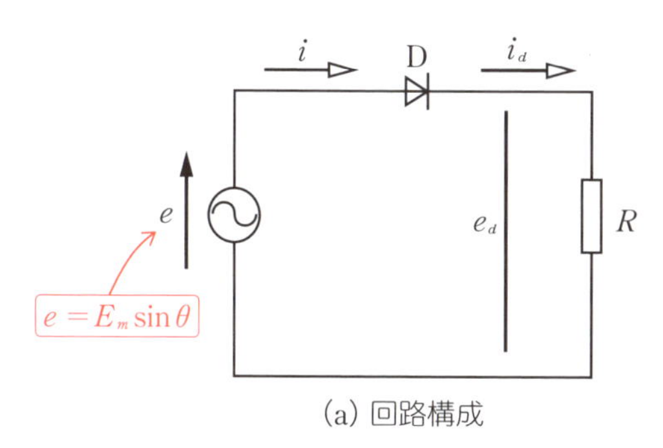

(a) 回路構成

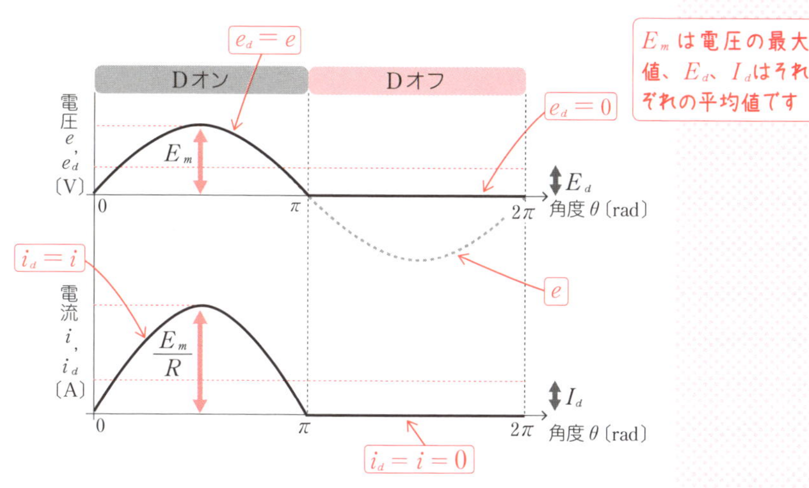

(b) 動作波形

図 4.1 単相半波ダイオード整流回路と動作波形（抵抗負荷）

半波整流回路の動作波形（図 4.1（b））を、正の半サイクル（$\theta=0\sim\pi$）、負の半サイクル（$\theta=\pi\sim2\pi$）でそれぞれ確認していきましょう。

正の半サイクルでは、ダイオード D は電源電圧 e によってオン状態になり、そのまま電源電圧 e が負荷抵抗 R に印加されます。電源電流 i は、電源電圧 e を負荷抵抗 R で割った値が流れます。

一方、負の半サイクルでは、ダイオード D は負の電源電圧 e によって逆バイアスを受けるため、オフ状態になり、電源電流 i は流れなくなります。このとき負荷抵抗 R には電圧が印加されません。

つまり、単相半波ダイオード整流回路では、電源電圧 e の正の半サイクルだけ電源電流 i が流れ、負荷抵抗 R には $e=e_d$ の正の電圧だけを発生させることで交流を直流に変換しています。

このとき、電源電圧を $e=E_m\sin\theta$、$\theta=\omega t$ とすると、負荷電圧 e_d の平均値 E_d、及び電流 i_d の平均値 I_d は、

$$E_d=\frac{1}{2\pi}\int_0^{2\pi}e_d\,d\theta=\frac{1}{2\pi}\int_0^{\pi}e\,d\theta=\frac{1}{2\pi}\int_0^{\pi}E_m\sin\theta\,d\theta$$

$$=\frac{E_m}{\pi}=\frac{\sqrt{2}\,E}{\pi}=0.45E \tag{4.1}$$

$$I_d=\frac{E_d}{R}=\frac{E_m}{\pi R}=\frac{\sqrt{2}\,E}{\pi R}=0.45\frac{E}{R} \tag{4.2}$$

となります。なお、E は e の実効値で $E=\dfrac{E_m}{\sqrt{2}}$ です。

❷ 誘導性負荷の場合

前項で示した回路に、平滑リアクトルと負荷の誘導成分の合成インダクタンス L（**誘導性負荷**）を加えた回路をみていきます。**図 4.2** に合成インダクタンス L を加えた回路構成と動作波形を示します。

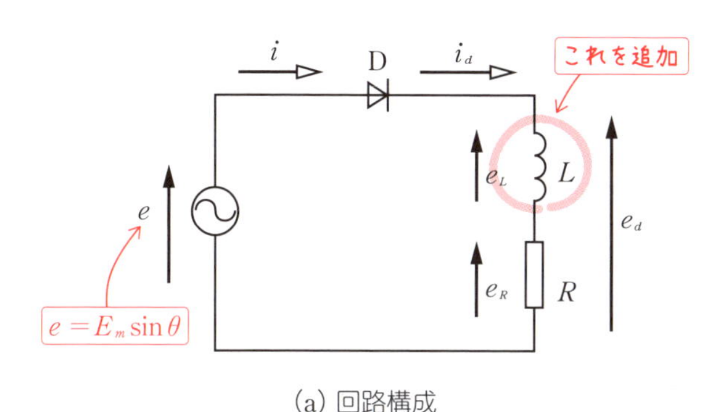

(a) 回路構成

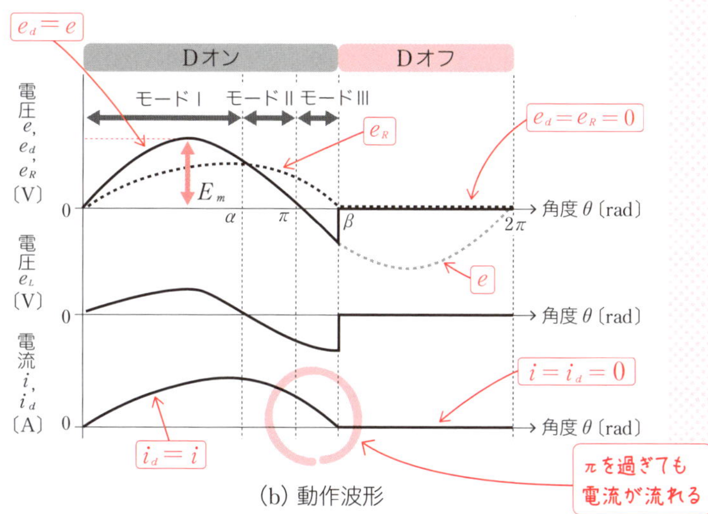

(b) 動作波形

図 4.2 単相半波ダイオード整流回路（誘導性負荷）

動作波形（図 4.2（b））を確認してみましょう。抵抗負荷のみの回路と異なるのは、電源電圧 e が π を過ぎ、負の値になってもインダクタンスLの作用で電流が流れ続ける点です。それに伴って負荷電圧e_dは$\pi \sim \beta$の間、負の電圧になります。

正の半サイクルでは、ダイオードDは電源電圧eによってオン状態になり、電流iが流れ出します。電源電圧eがπを過ぎ、負の半サイクルに入ってもしばらく電流はそのまま流れ続けます。そして、位相角βで電流が0になり、ダイオードDがオフ状態になって、電流は流れなくなります。

αは、負荷電流i_dが最大となる位相角

βは、負荷電流i_dが0となる位相角

動作波形（図4.2 (b)）をθの区間ごとに区切り、電力の観点から確認していきましょう。θが$0 \sim \alpha$の区間を**モードⅠ**、$\alpha \sim \pi$の区間を**モードⅡ**、$\pi \sim \beta$の区間を**モードⅢ**とします。電源からの入力電力を$p = e \cdot i$、負荷抵抗Rの電力を$p_R = e_R \cdot i_d$、インダクタンスLの電力を$p_L = e_L \cdot i_d$として、それぞれの電力の極性を**表4.2**にまとめて示します。

表4.2　各部電力の極性

モード ＼ 電力	電源 p	負荷 p_R	負荷 p_L
モードⅠ	+	+	+
モードⅡ	+	+	−
モードⅢ	−	+	−

電源では、＋は電力を供給している状態を、－は電力が供給されている状態を表しています。

負荷では、＋は電力が供給されている状態で、－は電力を供給している状態を表しています。

入力電力 p は、モードⅠとⅡでは電力を供給し、モードⅢでは電力が供給されていることがわかります。負荷抵抗 R の電力 p_R は、すべてのモードで電力が供給（消費）されています。インダクタンス L の電力 p_L は、モードⅠでは電力が供給されてインダクタンス L にエネルギーが蓄積され、モードⅡとⅢでは逆に電力を供給していることがわかります。この電力のやり取りを端的に表したものを**図 4.3** に示します。

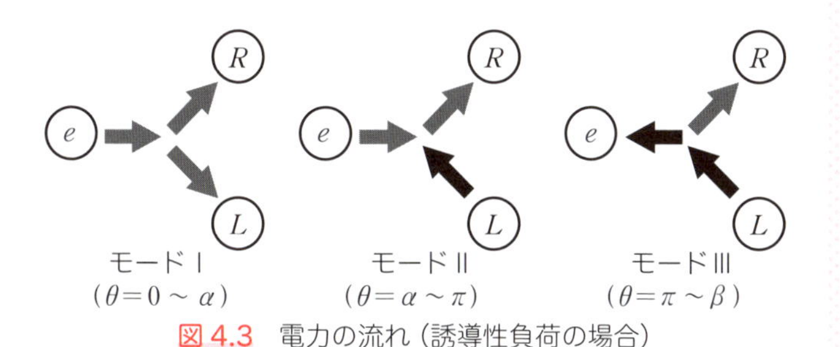

図 4.3 電力の流れ（誘導性負荷の場合）

● モードⅠ

モードⅠでは、電源 E から負荷抵抗 R とインダクタンス L に電力が供給されます。負荷抵抗 R は供給された電力を消費しますが、インダクタンス L は電磁エネルギーとして蓄積されるだけで電力は消費しません。

● モードⅡ

モードⅡでは、電源 E とインダクタンス L から負荷抵抗 R に電力を供給します。負荷抵抗 R は、電源 E からのエネルギーとインダクタンス L に蓄えられたエネルギーの一部を、同時に消費します。

● モードⅢ

モードⅢでは、インダクタンス L から電源 E と負荷抵抗 R に電力を供給します。このモードでは、インダクタンス L に蓄えられたエネルギーの残りすべてを負荷抵抗 R に供給するばかりでなく、電源 E から供給された電力を戻します。すなわちインダクタンス L は、モードⅠで電源 E から供給された電力をモードⅡとⅢで放出することになります。

インダクタンス L の電力授受は、1周期に渡っての平均が0でなければなりません。従って、インダクタンス L にモードⅠで供給された電力と、モードⅡとⅢでインダクタンス L が放出した電力は必ず等しくなります。

なお、ここで解説した電力授受の考え方は、すべての変換回路で共通です。しっかりと理解しておきましょう。

負荷電圧 e_d の平均値 E_d は、

$$E_d = \frac{1}{2\pi}\int_0^{2\pi} e_d d\theta = \frac{1}{2\pi}\int_0^{\beta} e d\theta \tag{4.3}$$

になります。ここで、キルヒホッフの電圧則より $e_d = e_R + e_L$ がわかっているので、

$$E_d = \frac{1}{2\pi}\int_0^{2\pi} e_R d\theta + \frac{1}{2\pi}\int_0^{2\pi} e_L d\theta \tag{4.4}$$

となります。

一方、定常状態においてインダクタンス L にかかる電圧 e_L の平均値 E_L は 0 なので、

$$E_d = \frac{1}{2\pi}\int_0^{2\pi} e_R \, d\theta = E_R \tag{4.5}$$

となります。

また、インダクタンス L では電力の消費はありません。従って、直流成分の負荷電力 P_d は次式で表せます。

$$P_d = E_d I_d = E_R I_d = R I_d^2 \tag{4.6}$$

よって、負荷電流の平均値 I_d は次式で表せます。

$$I_d = \frac{E_d}{R} \tag{4.7}$$

すなわち、負荷電流の平均値 I_d は、負荷電圧の平均値 E_d を負荷抵抗 R で除して得られることがわかります。この回路では、インダクタンス L は負荷電流の平均値 I_d には関与しません。

❸ 環流ダイオードの効果

次は、さらに環流ダイオードを加えた回路をみていきます。**図 4.4** に環流ダイオード付きの単相半波ダイオード整流回路を示します。この回路は、図 4.2 で示した回路の L-R 負荷と並列に、環流ダイオードを設けた

ものです。このダイオードひとつで電力の流れが変わり、効率よく負荷抵抗 R でエネルギーが消費されるようになります。

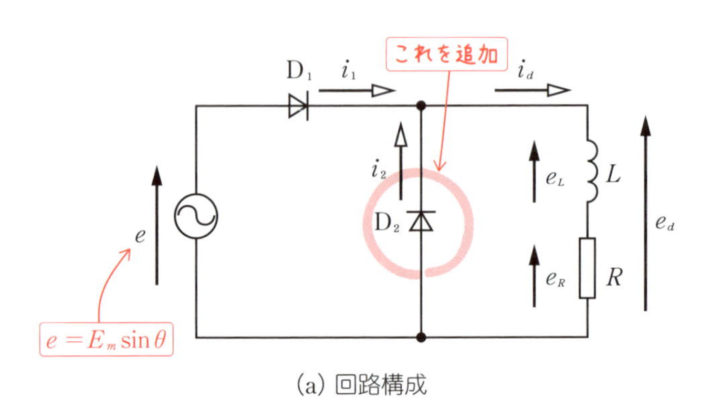

(a) 回路構成

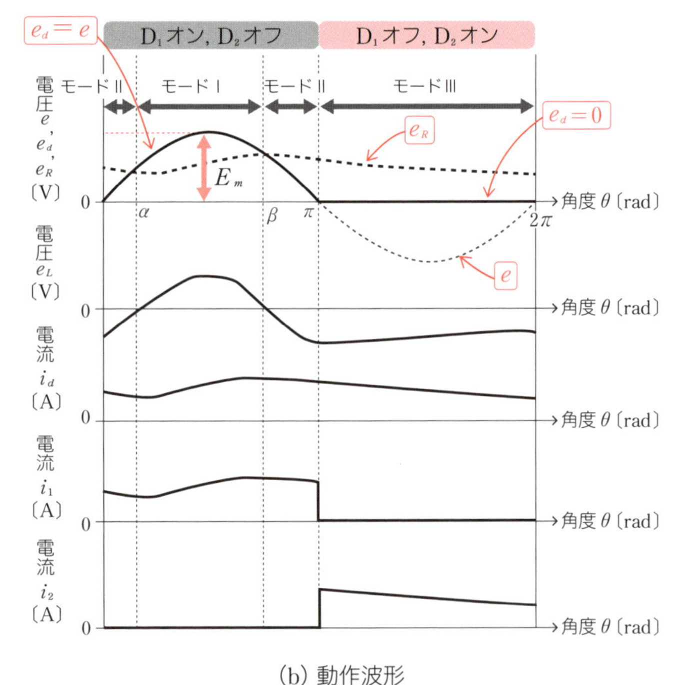

(b) 動作波形

図 4.4 環流ダイオード付単相半波ダイオード整流回路

電源電圧 e が正の半サイクル（$\theta = 0 \sim \pi$ の区間）では、ダイオード D_1 はオン状態になり、ダイオード D_2 はオフ状態となります（**図 4.5**）。この区間では、L-R 負荷に電源 e が印加され、インダクタンス L の端子電圧 e_L は主に交流成分を受け持ちます。また、負荷抵抗 R の端子電圧 e_R は主に直流成分を受け持ちます。

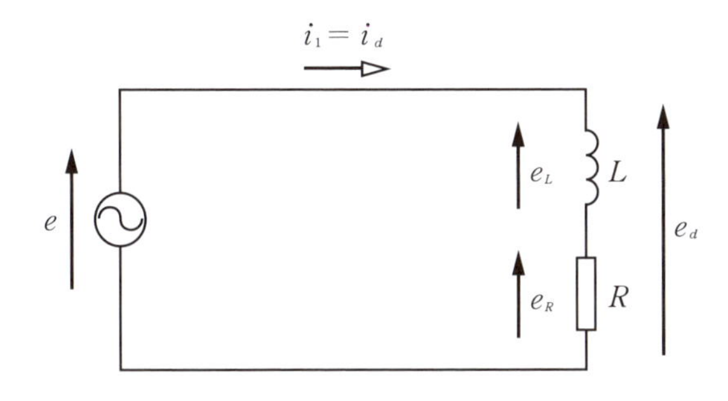

$\theta = 0 \sim \pi$

図 4.5　正の半サイクルのときの等価回路

電源電圧 e が負の半サイクル（$\theta = \pi \sim 2\pi$ の区間）では、先ほどとは反対にダイオード D_1 はオフ状態になり、ダイオード D_2 はオン状態となります（**図 4.6**）。この区間では、L-R 負荷は短絡状態になります。従って、インダクタンス L のエネルギー（すなわち電流 i_d）は、ダイオード D_2 を通して、負荷抵抗 R で消費され、徐々に減少していきます。

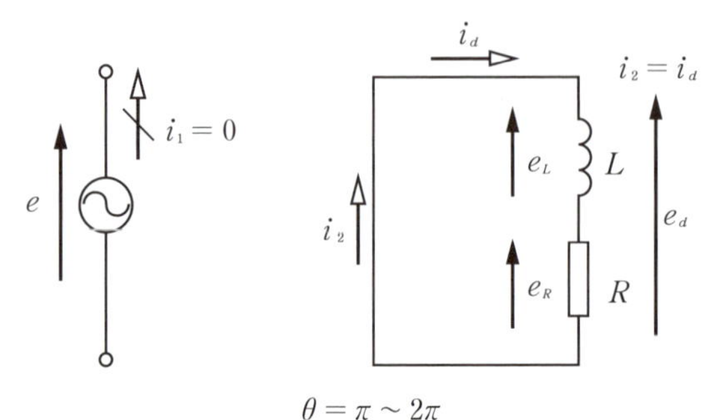

$\theta = \pi \sim 2\pi$

図 4.6　負の半サイクルのときの等価回路

α及びβは、e_Lが0となる位相角

動作波形（図4.4（b））をθの区間ごとに区切り、電力の観点からさらに詳細を確認していきましょう。θが$\alpha \sim \beta$の区間を**モードⅠ**、$0 \sim \alpha$、及び$\beta \sim \pi$の区間を**モードⅡ**、$\pi \sim 2\pi$の区間を**モードⅢ**とします。電源からの入力電力を$p = e \cdot i_1$、負荷抵抗Rの電力を$p_R = e_R \cdot i_d$、インダクタンスLの電力を$p_L = e_L \cdot i_d$として、それぞれの電力の極性を**表 4.3**にまとめて示します。

表 4.3　電力の極性（環流ダイオード付）

モード＼電力	電源 p	負荷 p_R	負荷 p_L
モードⅠ	＋	＋	＋
モードⅡ	＋	＋	−
モードⅢ	0	＋	−

電源では、＋は電力を供給している状態を、0は電力の移動がない状態を表しています。

負荷では、＋は電力が供給されている状態で、−は電力を供給している状態を表しています。

入力電力pは、モードⅠとⅡでは電力を供給し、モードⅢでは電力の移動がないことがわかります。負荷抵抗Rの電力p_Rは、すべてのモードで電力が供給（消費）されています。インダクタンスLの電力p_Lは、モードⅠではインダクタンスLに電力が供給（蓄積）されて、モードⅡとⅢでは逆に電力を供給していることがわかります。この電力のやり取りを端的に表したものを**図 4.7**に示します。

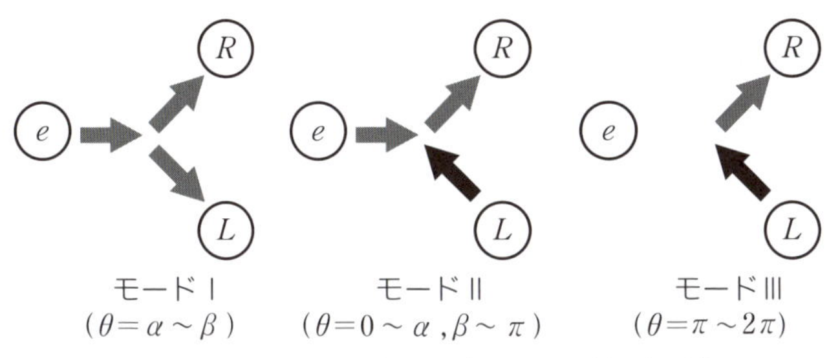

図 4.7　電力の流れ（環流ダイオード付の場合）

● モードⅠ

モードⅠでは、電源eから、負荷抵抗RとインダクタンスLに電力が供給されます。負荷抵抗Rは供給された電力を消費しますが、インダクタンスLは電磁エネルギーとして蓄積されるだけで電力を消費しません。

● モードⅡ

モードⅡでは、電源eとインダクタンスLから負荷抵抗Rに電力を供給します。負荷抵抗Rは、電源eからのエネルギーとインダクタンスLに蓄えられたエネルギーの一部を、同時に消費します。

● モードⅢ

モードⅢでは、インダクタンスLから負荷抵抗Rのみに電力を供給します。このモードでは、インダクタンスLに蓄えられたエネルギーの残りすべてが負荷抵抗Rに供給され、電源eには戻りません。

つまり、新たに挿入したダイオードD_2は、インダクタンスLのエネルギーを電源eに戻さずに、負荷抵抗Rで有効に利用するために働きます。このような役割を担うダイオードが、**環流ダイオード**と呼ばれます。

負荷電圧e_dの平均値E_dは、電流i_dの連続／不連続にかかわらず、以下の式となります。

$$E_d = \frac{1}{2\pi}\int_0^{2\pi} e_d d\theta = \frac{1}{2\pi}\int_0^{\pi} e d\theta = \frac{E_m}{\pi} \\ = \frac{\sqrt{2}\,E}{\pi} = 0.45E \tag{4.8}$$

動作波形（図4.4（b））からもわかるように、環流ダイオード（D_2）を挿入すると、電流i_dは平滑化され、負荷抵抗Rにかかる電圧は平滑な直流になります。i_dの平均値I_dは以下の式で表せます。

$$I_d = \frac{E_d}{R} = \frac{E_m}{\pi R} = \frac{\sqrt{2}\,E}{\pi R} = 0.45\frac{E}{R} \tag{4.9}$$

Chapter 4

4.3 ー小さな電力の変換（単相整流回路）2ー 単相全波ダイオード整流回路

❶ 抵抗負荷の場合

ここからは、全波整流回路をみていきます。まずは、最も簡単な例として、**単相全波ダイオード整流回路**を解説します。回路構成と動作波形を**図 4.8** に示します。

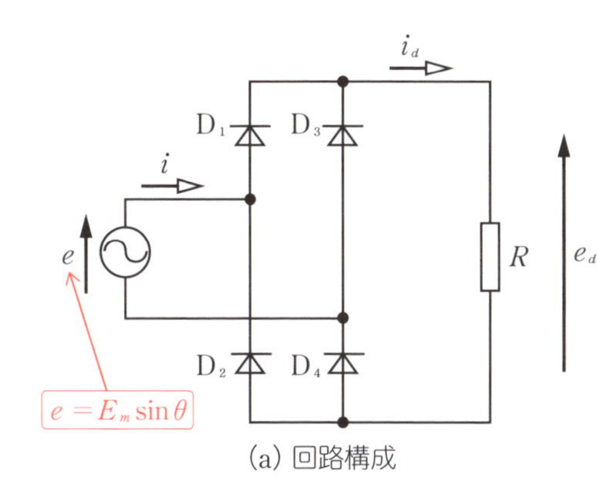

(a) 回路構成

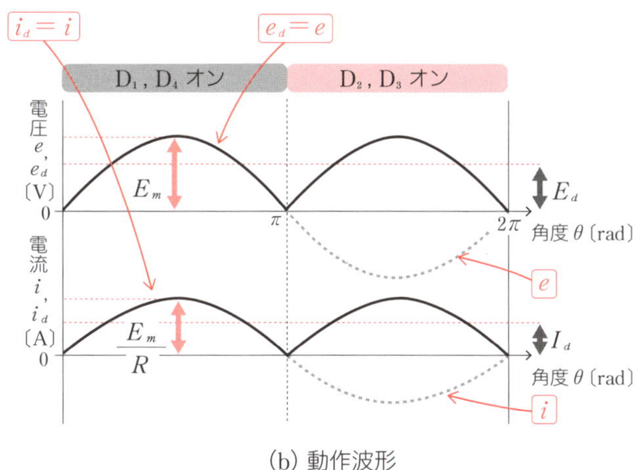

(b) 動作波形

図 4.8　単相全波ダイオード整流回路

まずは動作波形（図 4.8 (b)）を確認してみましょう。

電源電圧 e が正の半サイクル（$\theta = 0 \sim \pi$ の区間）では、ダイオード D_1 とダイオード D_4 がオン状態になり、電流の経路は**図 4.9** (a) のようになります。すなわち、電源電圧 e がそのまま負荷抵抗 R に印加されます。

電源電圧 e が負の半サイクル（$\theta = \pi \sim 2\pi$ の区間）では、ダイオード D_2 とダイオード D_3 がオン状態になり、電流の経路は図 4.9 (b) のようになります。すなわち、負荷抵抗 R には極性が反転した電源電圧 e が印加されます。

従って、負荷抵抗 R には常に正の電圧が印加され、電流 i_d は常に正の方向に流れることになります。全波整流回路では、このような仕組みで交流が直流に変換されています。

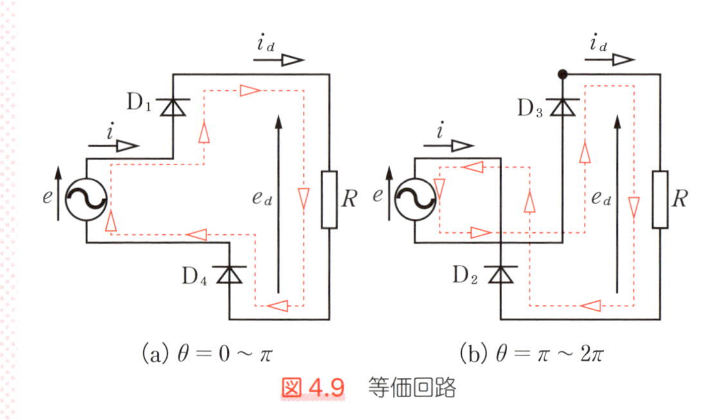

図 4.9　等価回路

出力電圧 e_d の平均値 E_d は、以下の式で表せます。

$$E_d = \frac{1}{\pi}\int_0^{\pi} E_m \sin\theta d\theta = \frac{2}{\pi}E_m$$
$$= \frac{2\sqrt{2}\,E}{\pi} = 0.9E \tag{4.10}$$

$$I_d = \frac{E_d}{R} = \frac{2}{\pi R}E_m = \frac{2\sqrt{2}}{\pi R}E = 0.9\frac{E}{R} \tag{4.11}$$

❷ 誘導性負荷の場合

続いて、単相全波ダイオード整流回路に誘導性負荷を加えた回路をみていきます。抵抗負荷の場合、電流 i_d は電源電圧 e の変化に基づいてリップル（脈動：電源の2倍の周波数）を発生しています。これを平滑化するために、比較的電力の大きいところで使用する場合は、負荷抵抗 R と直列に平滑用のリアクトル（インダクタ）L を挿入して、このリップルを取り除きます。

図 4.10 に回路構成と動作波形を示します。

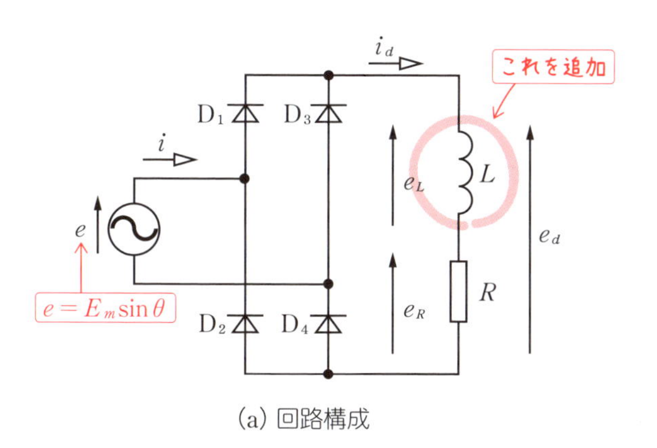

(a) 回路構成

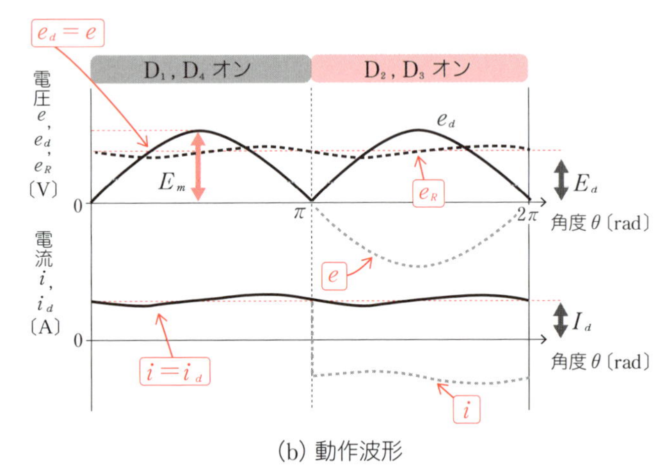

(b) 動作波形

図 4.10 単相全波ダイオード整流回路と動作波形（誘導性負荷）

平滑用のリアクトル L を挿入すると、挿入していない場合の動作波形（図 4.8 (b)）と比べて電流 i_d が直流に近づき、平滑化されていることが見て取れます。また、電源電流 i は、π に至るタイミングで瞬時に負の方向に急変していることがわかります。この現象は、電流が半導体スイッチ動作により他のアームに移り変わる様子を表していて、**転流**と呼びます。また、電流が他のアームに移ることなく消滅する様子を、**消流**と呼びます。

平滑用のリアクトル L を挿入した場合の直流電圧 e_d の平均値 E_d と、直流電流 i_dの平均値 I_d は、

$$E_d = \frac{1}{\pi}\int_0^{\pi} E_m \sin\theta d\theta = \frac{2}{\pi}E_m$$

$$= \frac{2\sqrt{2}}{\pi}E = 0.9E \qquad (4.12)$$

$$I_d = \frac{E_d}{R} = \frac{2}{\pi R} E_m = \frac{2\sqrt{2}}{\pi R} E = 0.9 \frac{E}{R} \qquad (4.13)$$

となり、抵抗負荷 R のみの場合と同じになります。

❸ 交流側のインダクタンスを考慮した場合（電流の重なり現象）

これまで解説した整流回路の交流電流は、いずれも転流の際に瞬時に急変していました。しかし実際の回路では、交流側に変圧器の漏れインダクタンスや電源側の送配電線にインダクタンス成分があるため、電流を急変することはできません。

図 4.11 に交流側にインダクタンス L を含む場合の、誘導性負荷を備えた単相全波整流回路と動作波形を示します。ただし、リアクトル L_d の値は ∞ と仮定します。この場合、電流 i_d は完全直流 I_d になります。また、整流期間での入力電流 i は変動しないため、インダクタンス L による電圧降下は無視できます。

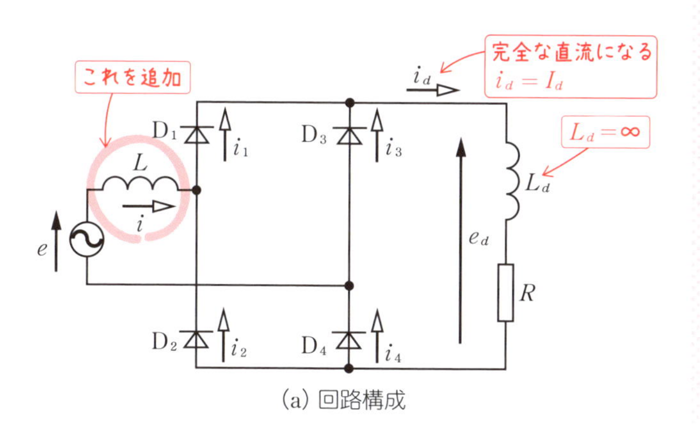

(a) 回路構成

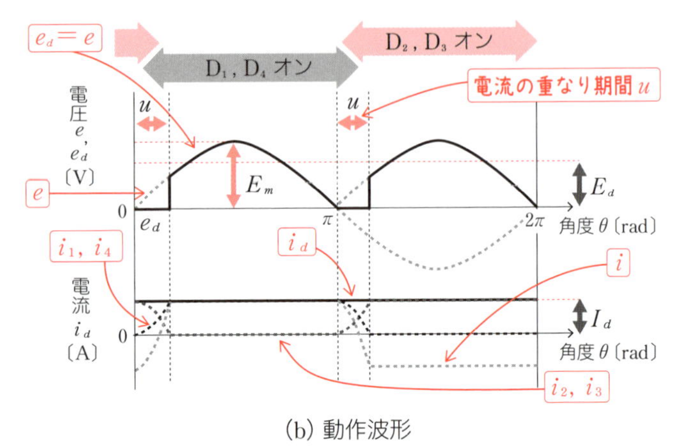

(b) 動作波形

図 4.11 単相全波ダイオード整流回路（誘導性負荷、交流側リアクタンス考慮）

動作波形（図 4.11 (b)）を確認してみましょう。

インダクタンス L の影響で θ が 0 でダイオード D_1、D_4 がオン状態となり、電流 i_2、i_3 は徐々に減少して 0 となります。一方、電流 i_1、i_4 は徐々に増加して I_d となります。この期間は、すべてのダイオード（D_1 ～ D_4）が同時にオン状態となるため、電源と負荷が短絡されたのと等価になります。

従ってこの期間は、負荷電圧 e_d が 0 になります。これを**電流の重なり現象**と呼び、この期間を電流の重なり期間 u と呼びます。

直流電圧の平均値 E_d は、以下の式で表せます。

$$E_d = \frac{1}{\pi}\int_u^{\pi} E_m \sin\theta d\theta = \frac{E_m}{\pi}(1+\cos u)$$

$$= \frac{\sqrt{2}\,E}{\pi}(1+\cos u) \qquad (4.14)$$

従って、直流電流 i_d の平均値 I_d は、以下のようになります。

$$I_d=\frac{E_d}{R}=\frac{E_m}{\pi R}(1+\cos u)=\frac{\sqrt{2}\,E}{\pi R}(1+\cos u) \quad (4.15)$$

一方、交流側は以下の関係式が成り立ちます。

$$X\left(\frac{di}{d\theta}\right)=E_m\sin\theta=\sqrt{2}\,E\sin\theta \quad (4.16)$$

ただし、$X=\omega L$ です。初期条件を考慮して $0\sim u$ の範囲で積分すると、入力電流 i は $2I_d$ だけ増加するため、次式が成り立ちます。

$$\begin{aligned}2I_d&=\frac{E_m}{X}\int_0^u\sin\theta d\theta=\frac{E_m}{X}(1-\cos u)\\&=\frac{\sqrt{2}\,E}{X}(1-\cos u)\end{aligned} \quad (4.17)$$

(4.15) 式と (4.17) 式から、重なり角 u は次式で求めることができます。

$$u=\cos^{-1}\left(\frac{\pi-X}{\pi+X}\right) \quad (4.18)$$

Chapter 4

4.4 －小さな電力の変換（単相整流回路）3－ 単相全波コンデンサ入力形整流回路

比較的電力容量の小さい電子機器の回路では、図 4.8 (a) の基本回路で生じる直流側のリップル成分を取り除くために大容量のコンデンサを用います。この回路を、**単相全波コンデンサ入力形整流回路**といいます。

図 4.12 に、単相全波コンデンサ入力形整流回路の回路構成と動作波形を示します。ただし、L_s、R_s は配電系統のインピーダンス ($R_s+j\omega L_s$) を表しています。また、C は電圧平滑用のコンデンサです。

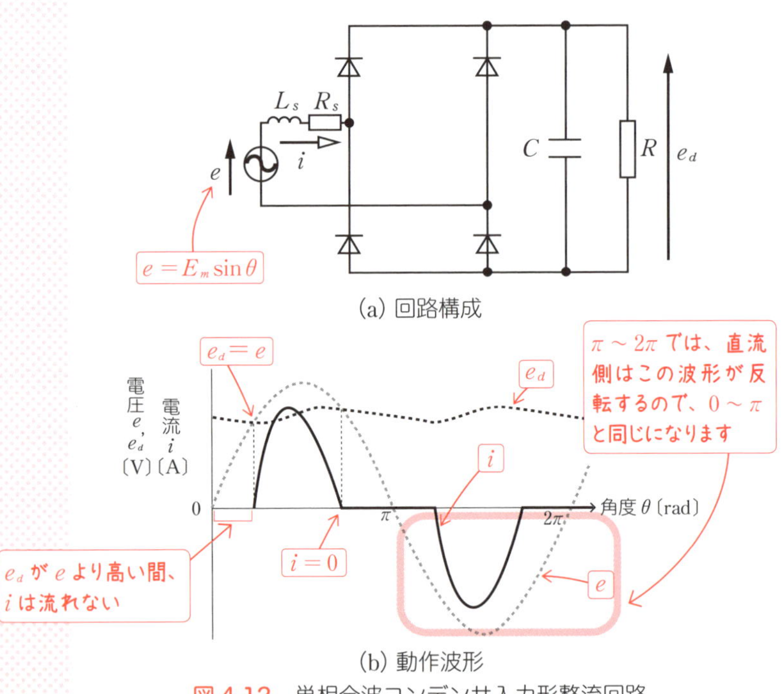

図 4.12　単相全波コンデンサ入力形整流回路

動作波形（図 4.12（b））を確認してみましょう。

正の半サイクル（$\theta = 0 \sim \pi$ の区間）において、負荷電圧 e_d が電源電圧 e より高い間は、電源電流 i は流れません。

電源電圧 e と負荷側電圧 e_d が等しくなった時点から、電流 i が流れます。電流 i はコンデンサ C に充電され、負荷電圧 e_d は上昇します。

電流 i が 0 になると、再び負荷電圧 e_d が電源電圧 e を上回っている間、電流 i は流れなくなります。これを次の半周期も繰り返します。

よって負荷電圧 e_d は、コンデンサ C によって平滑化され、リップル（脈動）が小さくなり、より直流に近づいていることになります。リップルを小さくするにはコンデンサ C を大きくすればよいのですが、そうすると電流 i が流れる期間も短くなり、電流値が大きくなってしまうため、対策が必要になります。

Chapter 4

4.5 ―小さな電力の変換（単相整流回路）4― サイリスタ位相制御整流回路

交流を直流に変換するだけでなく、変換した直流電圧の値を変えることのできる回路が、**サイリスタ位相制御整流回路**です。

❶ 抵抗負荷の場合

図 4.13 に、抵抗負荷時のサイリスタ位相制御整流回路の回路構成と動作波形を示します。図 4.8 (a) のダイオードを、サイリスタに置き換えた回路であることがわかります。

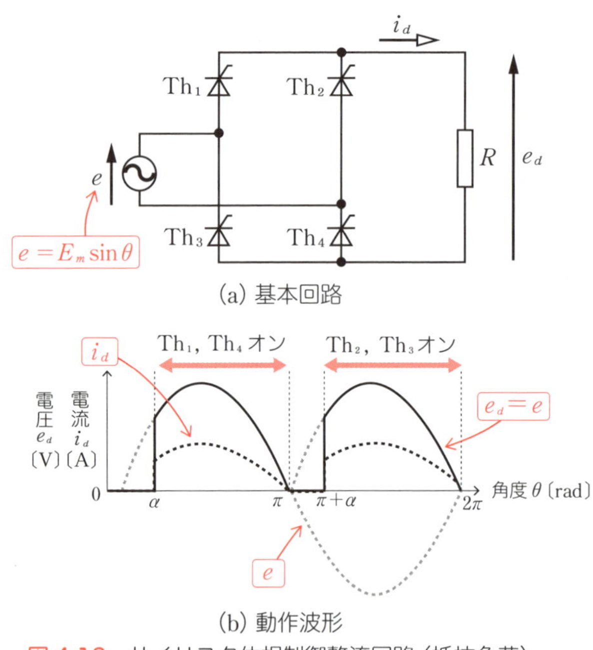

図 4.13　サイリスタ位相制御整流回路（抵抗負荷）

動作波形（図 4.13（b））を確認してみましょう。

電源電圧 e の正の半サイクルでは、位相角 α でサイリスタ Th_1 と Th_4 を点弧してオン状態になります。位相角 π でサイリスタの電流が 0 になると、サイリスタ Th_1 と Th_4 がオフ状態になります。

電源電圧 e の負のサイクルでは、位相角 $\pi+\alpha$ でサイリスタ Th_2 と Th_3 がオン状態になり、電流 i_d が正方向に流れて、直流の負荷電圧 e_d を得ることができます。

つまり、点弧位相角 α の値を変えることで、負荷電圧 e_d の平均値 E_d を上げ下げできます。

負荷側電圧 e_d の平均値 E_d は、以下の式で表すことができます。

$$
\begin{aligned}
E_d &= \frac{1}{\pi}\int_{\alpha}^{\pi} E_m \sin\theta d\theta = \frac{2}{\pi} E_m \frac{1+\cos\alpha}{2} \\
&= \frac{2\sqrt{2}\,E}{\pi} \cdot \frac{1+\cos\alpha}{2} = 0.9E\frac{1+\cos\alpha}{2}
\end{aligned}
\tag{4.19}
$$

❷ 誘導性負荷の場合

図 4.14 に、誘導性負荷時のサイリスタ位相制御整流回路の回路構成と動作波形を示します。

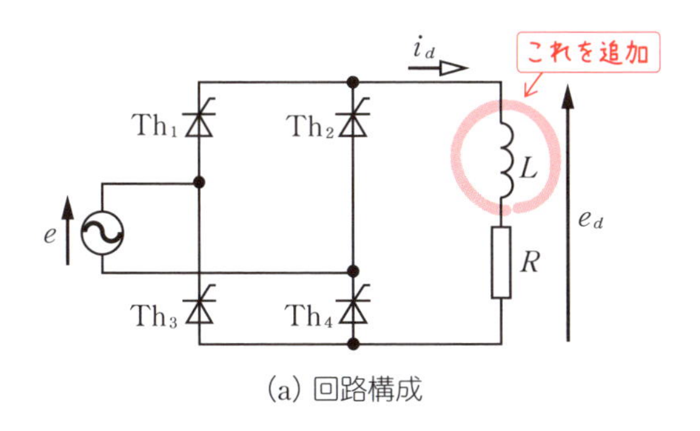

（a）回路構成

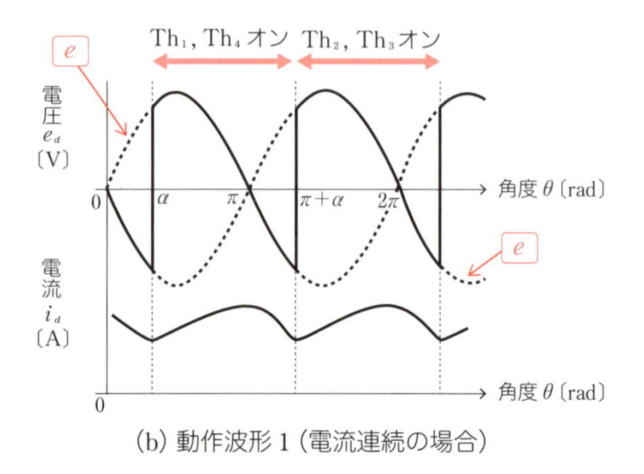

(b) 動作波形 1（電流連続の場合）

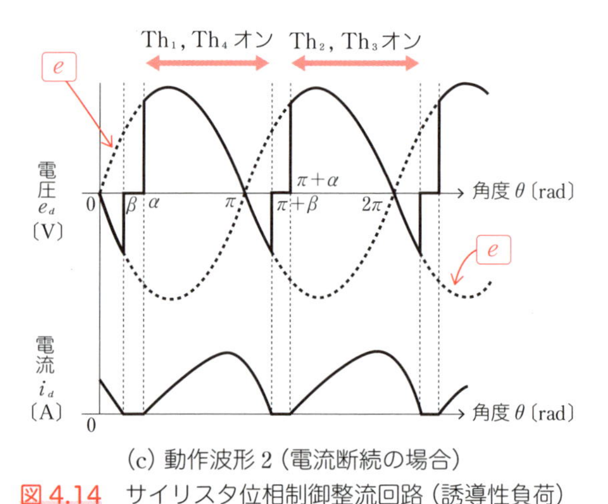

(c) 動作波形 2（電流断続の場合）

図 4.14　サイリスタ位相制御整流回路（誘導性負荷）

動作波形は、電流連続の場合（図 4.14 (b)）と、電流断続の場合（図 4.14 (c)）で異なります。

電流連続時で、電源電圧 e の正の半サイクルでは、位相角 α でサイリスタ Th_1、Th_4 を点弧するとオン状態になります。位相角が π を過ぎて電源電圧 e の極性が負になっても、リアクトル L の影響でサイリスタ Th_1、Th_4 には電流が流れ続けます。位相角が $\pi+\alpha$ で、サイリス

タ Th_2、Th_3 を点弧するとサイリスタ Th_2、Th_3 がオン状態になり、サイリスタ Th_1、Th_4 は逆バイアスされてオフ状態になります。

一方、電流断続時は、リアクトル L のインダクタンス値が小さい場合や、電流 i_d の値が小さい場合に生じ、サイリスタ Th_2、Th_3 が点弧される前の位相角 β で電流 i_d が 0 になり、サイリスタ Th_1、Th_4 は自然にオフ状態になります。

負荷側電圧 e_d の平均値 E_d は、以下の式で示されます。

- 電流が連続する場合

$$E_d=\frac{1}{\pi}\int_{\alpha}^{\pi+\alpha}E_m\sin\theta d\theta=\frac{2}{\pi}E_m\cos\alpha$$

$$=\frac{2\sqrt{2}\,E}{\pi}\cos\alpha \qquad (4.20)$$

- 電流が断続する場合

$$E_d=\frac{1}{\pi}\int_{\alpha}^{\pi+\beta}E_m\sin\theta d\theta=\frac{2}{\pi}E_m\frac{\cos\beta+\cos\alpha}{2}$$

$$=\frac{2\sqrt{2}\,E}{\pi}\cdot\frac{\cos\beta+\cos\alpha}{2}$$

$$=0.9E\frac{\cos\beta+\cos\alpha}{2} \qquad (4.21)$$

Chapter 4

4.6 －大きな電力の変換（三相整流回路）1－ 三相全波ダイオード整流回路

ここからは、大きな電力（三相）を変換する回路をみていきましょう。**図 4.15** に**三相全波ダイオード整流回路**を示します。

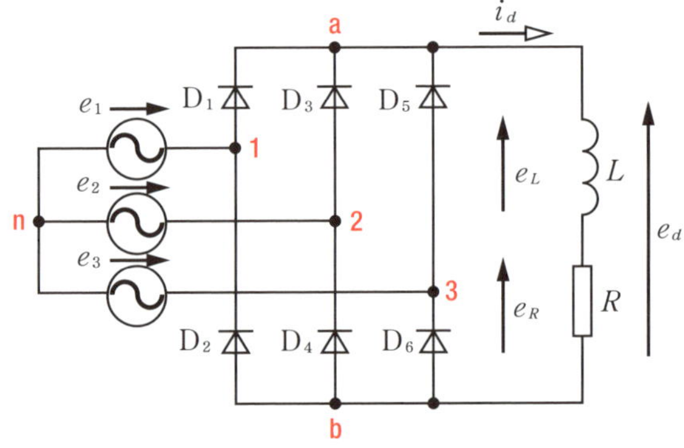

図 4.15　三相全波ダイオード整流回路

KeyWord
相電圧と線間電圧
相電圧E_1、E_2、E_3と線間電圧E_{12}、E_{23}、E_{31}の関係は以下になります。

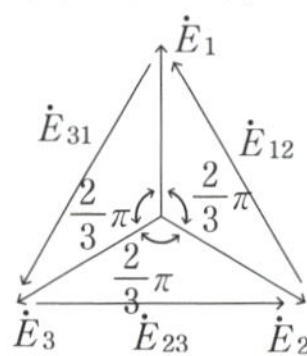

図 4.16 に各部動作波形を示します。三相電源電圧（相電圧）e_1、e_2、e_3 は、以下の式で与えることとします。

$$\begin{aligned} e_1 &= E_m \sin\theta \\ e_2 &= E_m \sin\left(\theta - \frac{2}{3}\pi\right) \\ e_3 &= E_m \sin\left(\theta - \frac{4}{3}\pi\right) \end{aligned} \tag{4.22}$$

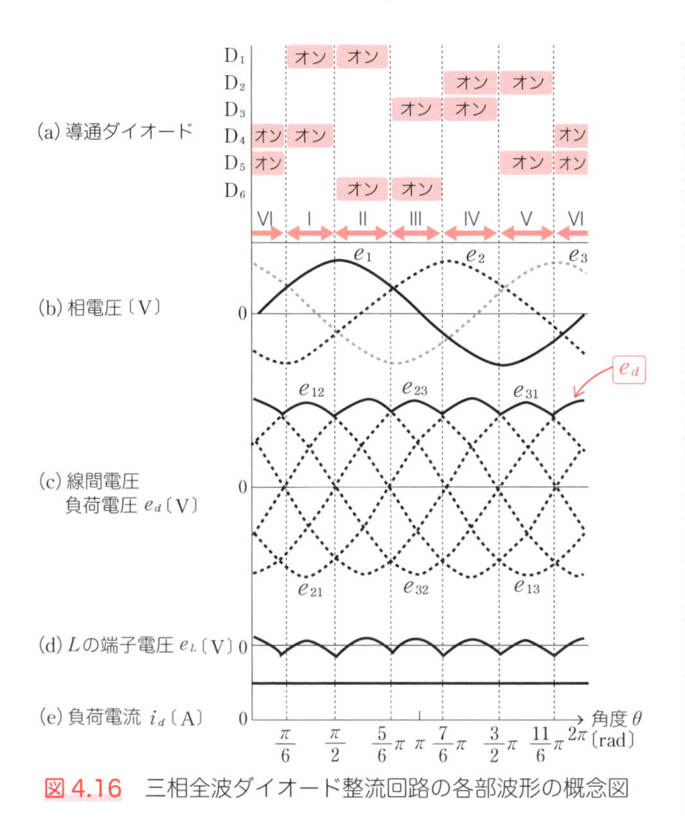

図 4.16　三相全波ダイオード整流回路の各部波形の概念図

回路構成（図 4.15）を確認すると、ダイオード D_1、D_3、D_5 はカソード側が共通となっており、三相電源電圧 e_1、e_2、e_3 がそれぞれのダイオードのアノード側に接続されています。導通ダイオード、及び相電圧の動作波形（図 4.16 (a)、(b)）を確認すると、相電圧 e_1、e_2、e_3 の最も電圧の高い相のダイオードが導通していることがわかります。

一方、ダイオード D_2、D_4、D_6 はアノード側が共通になっており、それぞれのダイオードのカソード側に相電圧 e_1、e_2、e_3 が接続されています。導通ダイオード、及び相電圧の動作波形（図 4.16 (a)、(b)）を確認すると、相電圧 e_1、e_2、e_3 の最も低い相のダイオードが導通していることがわかります。

この上下のダイオードの導通の組み合わせで、回路モードがⅠ～Ⅵの 6 つ生じます。回路モードⅠ～Ⅵそれぞれの等価回路は**図 4.17** のようになります。

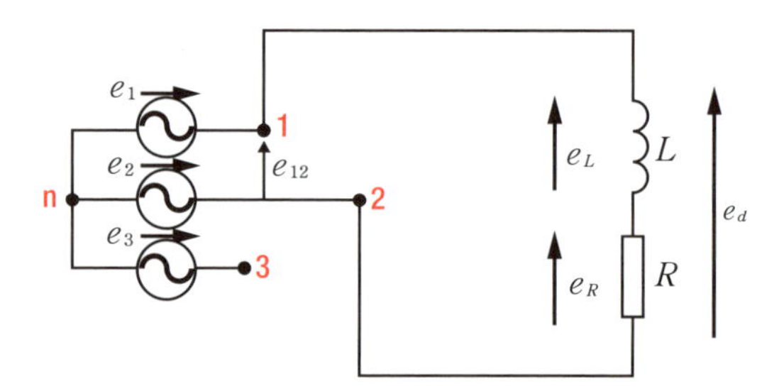

モードⅠ：D_1 と D_4 がオン状態

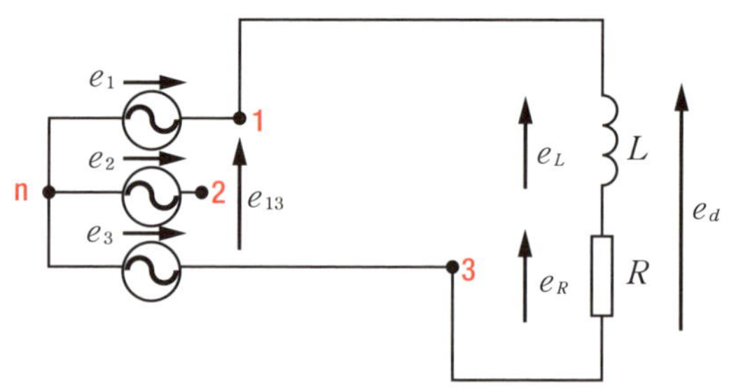

モードⅡ：D_1 と D_6 がオン状態

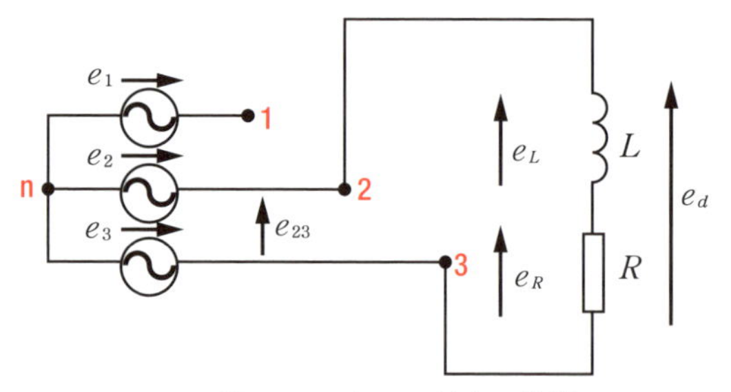

モードⅢ：D_3 と D_6 がオン状態

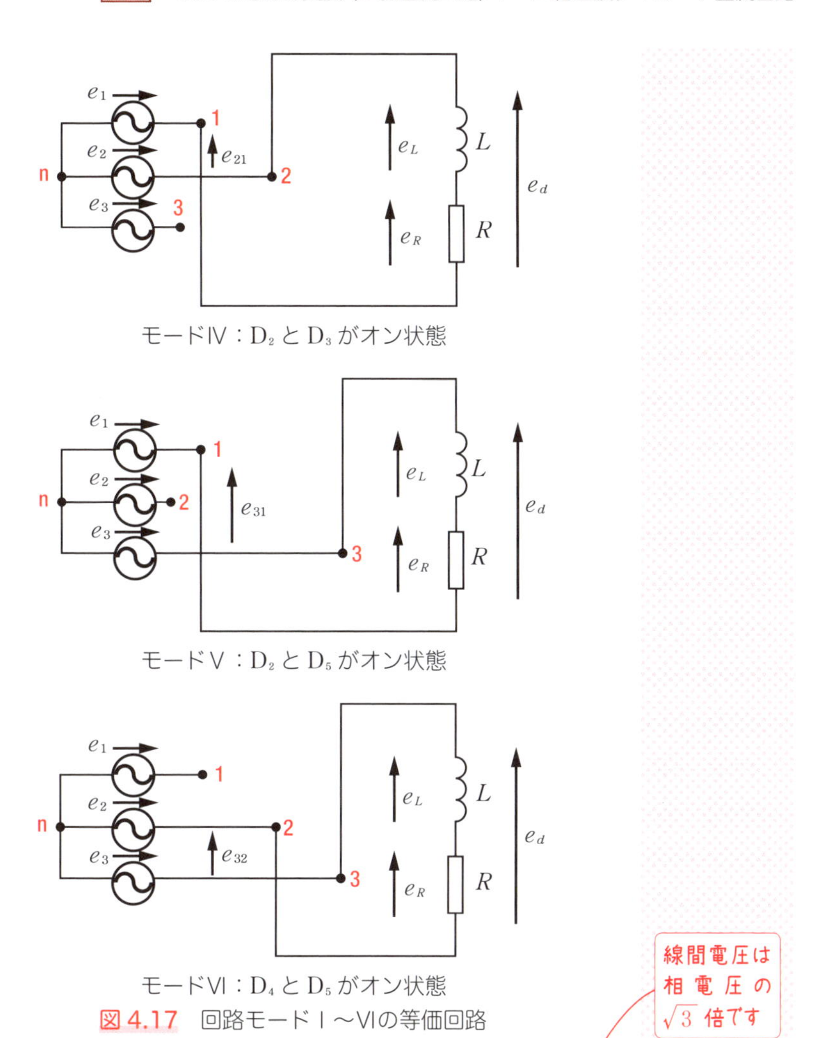

モードⅣ：D_2 と D_3 がオン状態

モードⅤ：D_2 と D_5 がオン状態

モードⅥ：D_4 と D_5 がオン状態

図 4.17　回路モードⅠ～Ⅵの等価回路

線間電圧は相電圧の $\sqrt{3}$ 倍です

それぞれの等価回路には、対応する 6 種類の線間電圧が存在し、その動作波形は図 4.16 (c) に示すような形になります。それぞれ位相が 60° ずれており、振幅は $\sqrt{3}\,E_m$ です。

負荷電圧 e_d は、図 4.15 に示す a 点の電圧と b 点の電圧の差電圧です。すなわち図 4.16 (c) に示す線間電圧

(相電圧の $\sqrt{3}$ 倍) のうち、最も高いものが負荷電圧 e_d として現れます。リアクトル L の端子電圧 e_L は、図 4.16 (d) に示すように負荷電圧 e_d の交流成分となります。従って、負荷抵抗の端子電圧 e_R は直流成分となり、負荷電流 i_d は図 4.16 (e) に示すようなリップルの小さい直流電流となります。

負荷電圧 e_d の平均値 E_d は、以下の式で表せます。

$$E_d = \frac{1}{\left(\frac{\pi}{3}\right)} \int_{\frac{\pi}{6}}^{\frac{\pi}{2}} \sqrt{3}\, E_m \sin\left(\theta + \frac{\pi}{6}\right) d\theta$$

$$= \frac{3\sqrt{3}\, E_m}{\pi} = \frac{3\sqrt{6}\, E}{\pi} = \frac{3\sqrt{2}\, E_u}{\pi} \qquad (4.23)$$

ただし、E は相電圧 e の実効値で、$E = \frac{E_m}{\sqrt{2}}$ の関係があります。また、E_u は線間電圧で、$E_u = \sqrt{3}\, E$ の関係があります。

Chapter 4

4.7 －大きな電力の変換（三相整流回路）2－ 三相全波サイリスタ整流回路

図 4.18 に**三相全波サイリスタ整流回路**を示します。この回路では、交流を直流に変換することに加え、変換した直流電圧の値を変えることができます。図 4.15 のダイオード $D_1 \sim D_6$ を、サイリスタ $Th_1 \sim Th_6$ に置き換えた回路です。

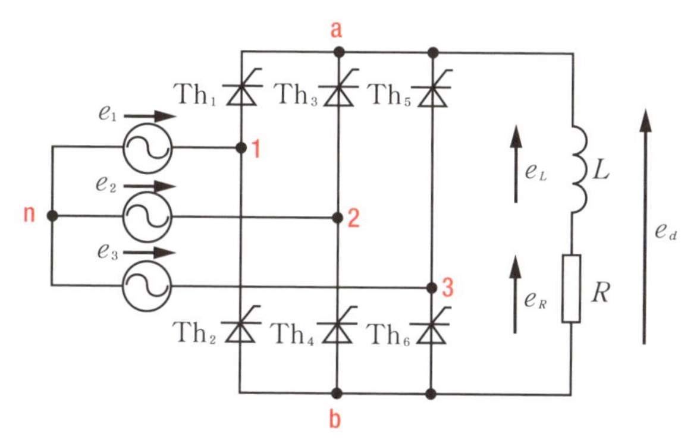

図 4.18　三相全波サイリスタ整流回路

図 4.19 に各部動作波形の概念図を示します。三相電源電圧（相電圧）e_1、e_2、e_3 は、三相全波ダイオード整流回路と同様に (4.22) 式で与えることとします。

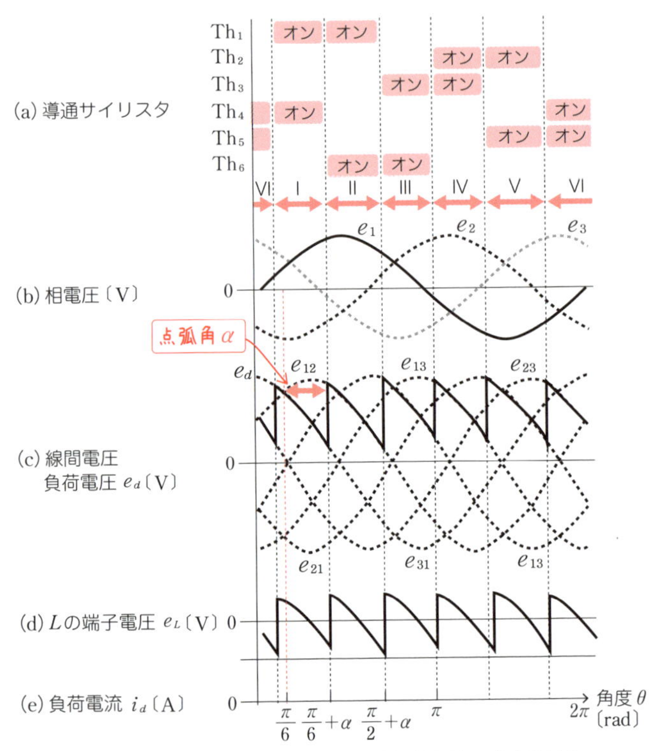

図 4.19 三相全波サイリスタ整流回路の各部波形

各部波形を三相全波ダイオード整流回路の波形と比較すると、サイリスタが点弧角 α だけ遅れて導通する点が異なります。

負荷電圧 e_d の平均値 E_d は、以下の式で表せます。

$$E_d = \frac{1}{\left(\frac{\pi}{3}\right)} \int_{\frac{\pi}{6}+\alpha}^{\frac{\pi}{2}+\alpha} \sqrt{3}\, E_m \sin\left(\theta + \frac{\pi}{6}\right) d\theta$$

$$= \frac{3\sqrt{3}\, E_m}{\pi} \cos\alpha = \frac{3\sqrt{6}\, E}{\pi} \cos\alpha$$

$$= \frac{3\sqrt{2}\, E_u}{\pi} \cos\alpha \qquad (4.24)$$

α の値が大きくなると、負荷電圧 e_d の面積は小さくなり、平均値 E_d も小さくなります。

演習問題

1 誘導性負荷を持つ単相半波整流回路に環流ダイオードを付加した回路構成において、環流ダイオードの役割はどのようなものでしょうか。

また、電源電圧 e の実効値 E が 100V、リアクトル L が 10mH、負荷抵抗 R が 100Ω とした場合、出力電圧 e_d の平均値 E_d と、電流 i_d の平均値 I_d の値を求めましょう。

2 図 4.14 (a) の誘導性負荷を持つサイリスタ位相制御整流回路の回路構成を示し、電源電圧 e、負荷電圧 e_d、各サイリスタのオン状態を示す図を描いてください。

3 図 4.14 (a) の誘導性負荷を持つサイリスタ位相制御整流回路の位相制御角 α〔rad〕に対する出力電圧 e_d の平均値 E_d の特性を図示してください。ただし、電源電圧 e の実効値 E を 100V とし、電流は連続しており、サイリスタの電圧降下は無視するものとします。

4 誘導性負荷を持つ三相全波ダイオード整流回路の回路構成を示し、線間電圧 e、負荷電圧 e_d、各ダイオードのオン状態を示す図を描いてください。

5 誘導性負荷を持つ三相全波サイリスタ整流回路の位相制御角 α〔rad〕に対する出力電圧 e_d の平均値 E_d の特性を図示してください。ただし、電源電圧の線間電圧の実効値 200V とし、電流は連続しており、サイリスタの電圧降下は無視するものとします。

演習問題 解答

1 リアクトルのエネルギーを電源に戻さずに負荷で有効に利用するために用いられる。これにより負荷電流は平滑化される。

$$E_d = \frac{E_m}{\pi} = \frac{141.4}{3.14} \fallingdotseq 45.0 \text{〔V〕}$$

$$I_d = \frac{E_d}{R} = \frac{45}{100} = 0.45 \text{〔A〕}$$

2 図 4.14 参照

3 $E_d = \dfrac{2E_m}{\pi}\cos\alpha \fallingdotseq 0.9E\cos\alpha = 90\cos\alpha$

※図は省略

4 図 4.16 参照

5 (4.24) 式より、

線間電圧 200V なので相電圧は、$\dfrac{200}{\sqrt{3}} \fallingdotseq 115$〔V〕

$$E_m = \sqrt{2} \times 115 \fallingdotseq 162.6 \text{〔V〕}$$

$$3 \times \sqrt{3} \times \frac{162.6}{\pi} \fallingdotseq 270 \text{〔V〕}$$

$$E_d = 270 \times \cos\alpha \text{〔V〕}$$

※図は省略

power electronics

Chapter 5

直流を交流に変換する“インバータ”

Chapter.5 では、直流を交流に変換する回路〜インバータ〜について解説します。インバータにも、整流回路と同様に比較的電力容量の小さな単相インバータと、電力容量の大きな三相インバータがあります。

Chapter 5 Summary note

DC→AC（インバータ）のしくみと回路

単相インバータ

小電力を変換

単相電圧形方形波インバータ

負荷に印加される電圧Vが方形波状

IGBTの例

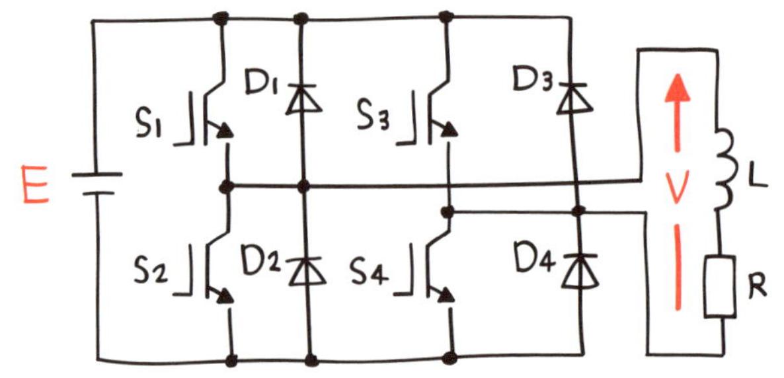

単相PWMインバータ

電圧形

パルス幅変調（Pulse Width Modulation）の略

回路構成は単相電圧形方形波インバータと同じ

負荷に印加される電圧Vが正弦波状

◎対称変調 → ☆スイッチング周波数成分を含む負荷電圧V

◎サブハーモニック変調 → ☆スイッチング周波数の2倍の周波数成分を含む負荷電圧Vを得ることができる。

⬇

フィルタの小型化やスイッチング周波数の低減に有効

三相インバータ

大電力を変換

三相電圧形インバータ

AC出力電圧が方形波状

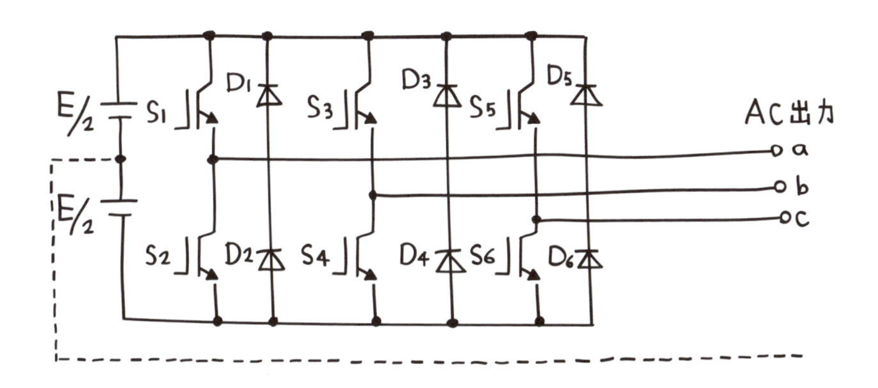

三相電圧形PWMインバータ

AC出力が正弦波状（電圧）

回路構成は三相電圧形インバータと同じ

- 三角波比較方式
  線間電圧の基本波　振幅最大値は $\frac{\sqrt{3}}{2}E$
- 空間ベクトルPWM方式
  線間電圧の基本波振幅の最大値はE

メリット

空間ベクトルPWM方式は三角波比較方式と比較して $\frac{2}{\sqrt{3}}$ 倍の出力となり、電圧利用率が高い

Chapter 5

5.1 インバータの種類と用途

インバータは、直流を交流に変換する回路です。Chapter.4で示した交流を直流に変換する整流回路は、順変換回路とも呼ばれています。順変換回路とは逆の変換を行うインバータは、逆変換回路とも呼ばれます。

インバータは単に直流電力を交流電力に変換するだけでなく、変換した交流の振幅や周波数を自由に変えられるため、多様な分野で使われており、パワーエレクトロニクスを代表する電力変換回路のひとつです。

インバータは、主に交流モータの駆動用として発展してきました。例えば昔の直流式電気鉄道では、直流モータを直流チョッパ制御でドライブしていました。その後、メンテナンスが容易な交流モータを直流モータのように自由に制御したいという考えから、インバータを用いたベクトル制御が開発され、交流可変速モータドライブの時代となりました。電気鉄道では次々と直流モータが交流モータに置き換わり、現在に至っています。

さらに、今では家電機器のほとんどのモータ（主にブラシレスモータ）の駆動回路として、インバータが使用されています。その他、照明器具などにもインバータが採用され、40kHz以上の周波数でスイッチングすることで明るさが向上しちらつきなどもなくなりました。近年では、太陽光発電システムのパワーコンディショナ（PCS）でも、インバータが重要な役割を担っています。

インバータの種類には、自励式と他励式及び電圧形と電流形がありますが、本章では現在主流となっている自励式電圧形インバータのみ扱うこととします（**表 5.1**）。

表 5.1　本書で解説する主なインバータ

小さな電力の変換（単相インバータ）	方形波	単相電圧形方形波インバータ	⇒ 5.2 節（P.114）
	正弦波	単相電圧形 PWM インバータ	⇒ 5.3 節（P.118）
大きな電力の変換（三相インバータ）	方形波	三相電圧形インバータ	⇒ 5.4 節（P.121）
	正弦波	三相電圧形 PWM インバータ	⇒ 5.5 節（P.123）

Chapter 5

5.2 －小さな電力の変換（単相インバータ）1－ 単相電圧形方形波インバータ

KeyWord

方形波

方形波（矩形波）とは、以下のような形です。

図 5.1 に**単相電圧形方形波★インバータ**の回路構成を示します。この回路は負荷に印加される電圧 v が方形波状のため、方形波インバータとも呼ばれます。

スイッチング素子は、実際のインバータ回路でも一般的に使用されている IGBT の例で示しています。また、IGBT と逆並列に逆電流を流すため、逆並列ダイオードを接続しています。負荷は、Chapter.4 の整流回路でも解説した、誘導性負荷（$L-R$ 直列回路）を想定しています。

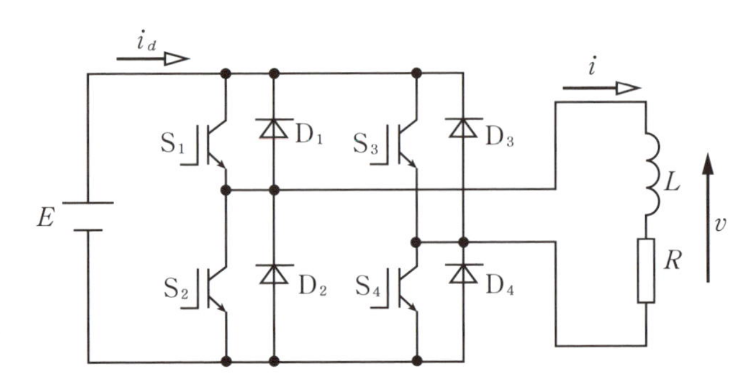

図 5.1　単相電圧形方形波インバータ回路

図 5.2 に単相電圧形方形波インバータの動作波形を、**図 5.3**～**図 5.6** にモードごとの電流経路を示します。それぞれの図を確認しながら、回路の動作をモードごとに確認していきましょう。

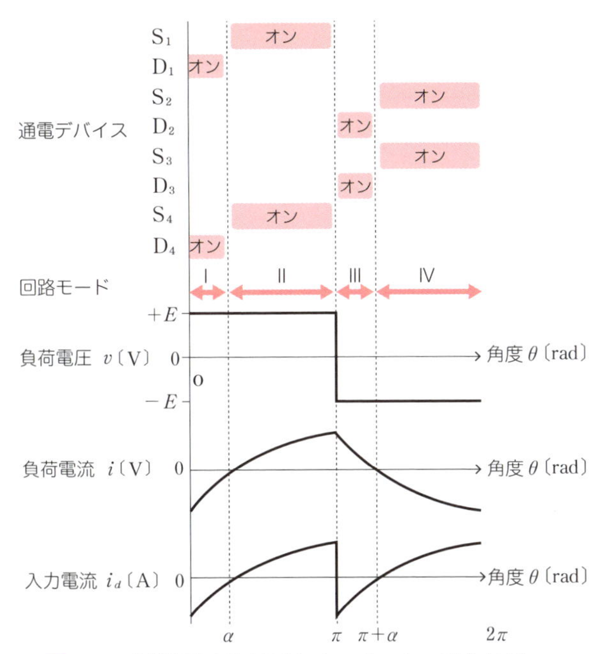

図 5.2 単相電圧形方形波インバータの動作波形

モード I：スイッチ S_1、S_4 にオン信号を与える

モード I で、スイッチ S_1、S_4 にオン信号が与えられます。負荷電流 i がまだ負の値のため、図 5.3 に示すようにダイオード D_1、D_4 が導通して電流が流れます。そのまま徐々に減少して、位相角 α で電流が 0 になると、S_1 と S_4 に電流が流れてモード II に進みます。

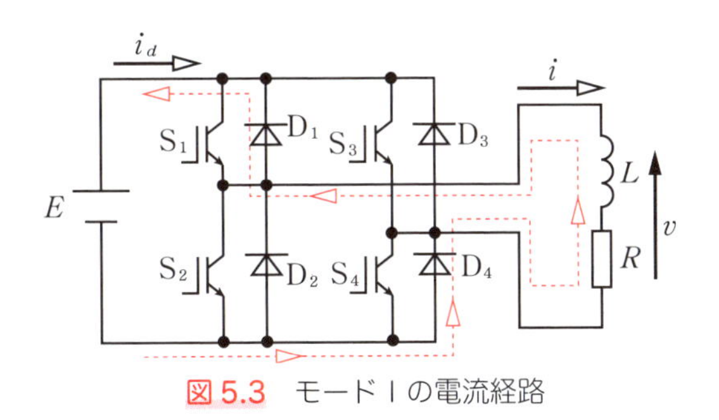

図 5.3 モード I の電流経路

モードⅡ：電流が位相角πまで徐々に上昇する（スイッチ S_1、S_4 はオン）

モードⅡでは、スイッチ S_1、S_4 にオン信号が与えられています。これによりスイッチ S_1、S_4 がオン状態となり、図 5.4 の経路で電流が流れます。このとき負荷には電源 E が印加され、負荷電流 i と入力電流 i_d は上昇します。

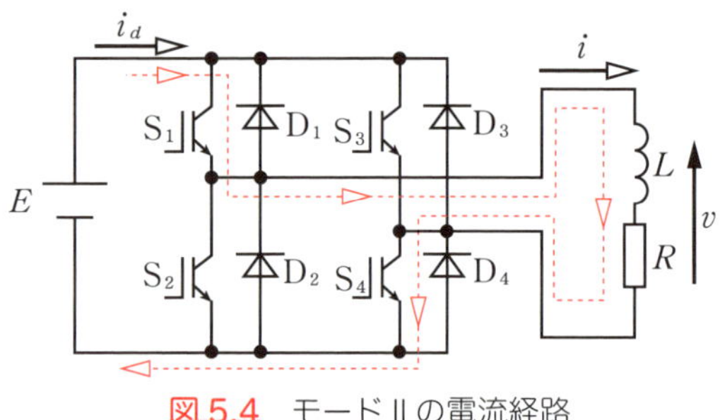

図 5.4　モードⅡの電流経路

モードⅢ：スイッチ S_2、S_3 にオン信号を与える

続くモードⅢとⅣでは、スイッチ S_2、S_3 にオン信号を与えます。モードⅢでは、負荷に $-E$ の電圧が印加されるため負荷電流 i は減少しますが、正の値の間（$\pi \sim \pi+\alpha$ の区間）は、図5.5のようにダイオード D_2、D_3 を流れます。このとき、入力電流 i_d は負の値になっているため、電源の方に流れます。

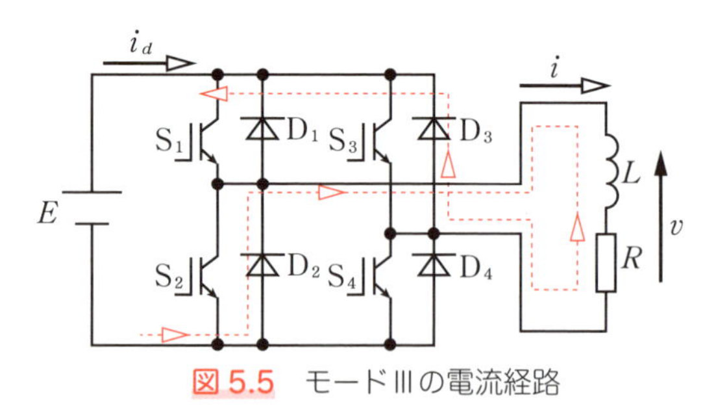

図 5.5　モードⅢの電流経路

モードⅣ：電流が0になり負荷電流iの極性が反転（スイッチS_2、S_3はオン）

$\pi+\alpha$で入力電流i_d、負荷電流iがともに0になり、図5.6のようにスイッチS_2、S_3に電流が流れ出すと、負荷電流iの極性が反転します。

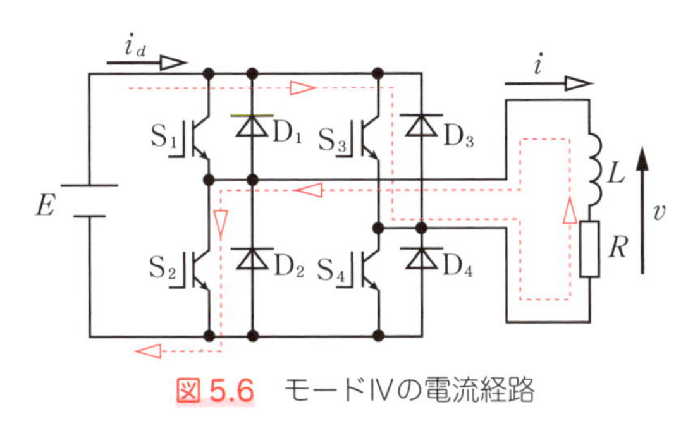

図5.6　モードⅣの電流経路

このように、モードⅠからモードⅣを繰り返すことで、負荷には$\pm E$の交流電圧が印加され、負荷電流iが流れます。つまり、スイッチS_1、S_4、及びスイッチS_2、S_3にオン信号を与える時間を同じにすることで、交流に変換することができる仕組みです。

Chapter 5

5.3 −小さな電力の変換（単相インバータ）2−
単相電圧形 PWM インバータ

次に、負荷に印加される電圧を正弦波状にすることができる、PWM インバータについて解説していきます。

単相電圧形PWM インバータの回路構成は、単相電圧形方形波インバータ（図5.1）と同じです。単相電圧形PWM インバータで使用する**パルス幅変調**（PWM：Pulse Width Modulation）の説明を簡単にするために、図5.1のスイッチS_1、S_2、及びスイッチS_3、S_4を、それぞれひとつのスイッチ（S_1、S_2）とし、その導通状態を1と −1で表したのが**図 5.7**です。また、電源電圧Eを2等分して、o点を電位の基準点としています。o点を基準としたa点及びb点の電圧は、それぞれv_a、v_bとします。

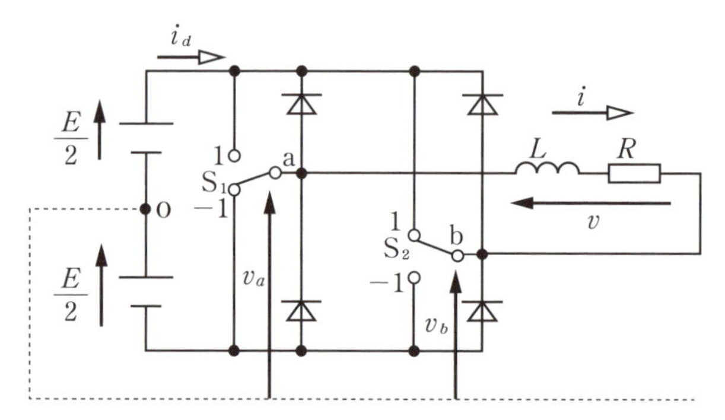

図 5.7　単相電圧形 PWM インバータの等価回路

図 5.8に各種PWM 変調の波形生成の原理図を示します。(a) は対称変調、(b) はサブハーモニック変調です。

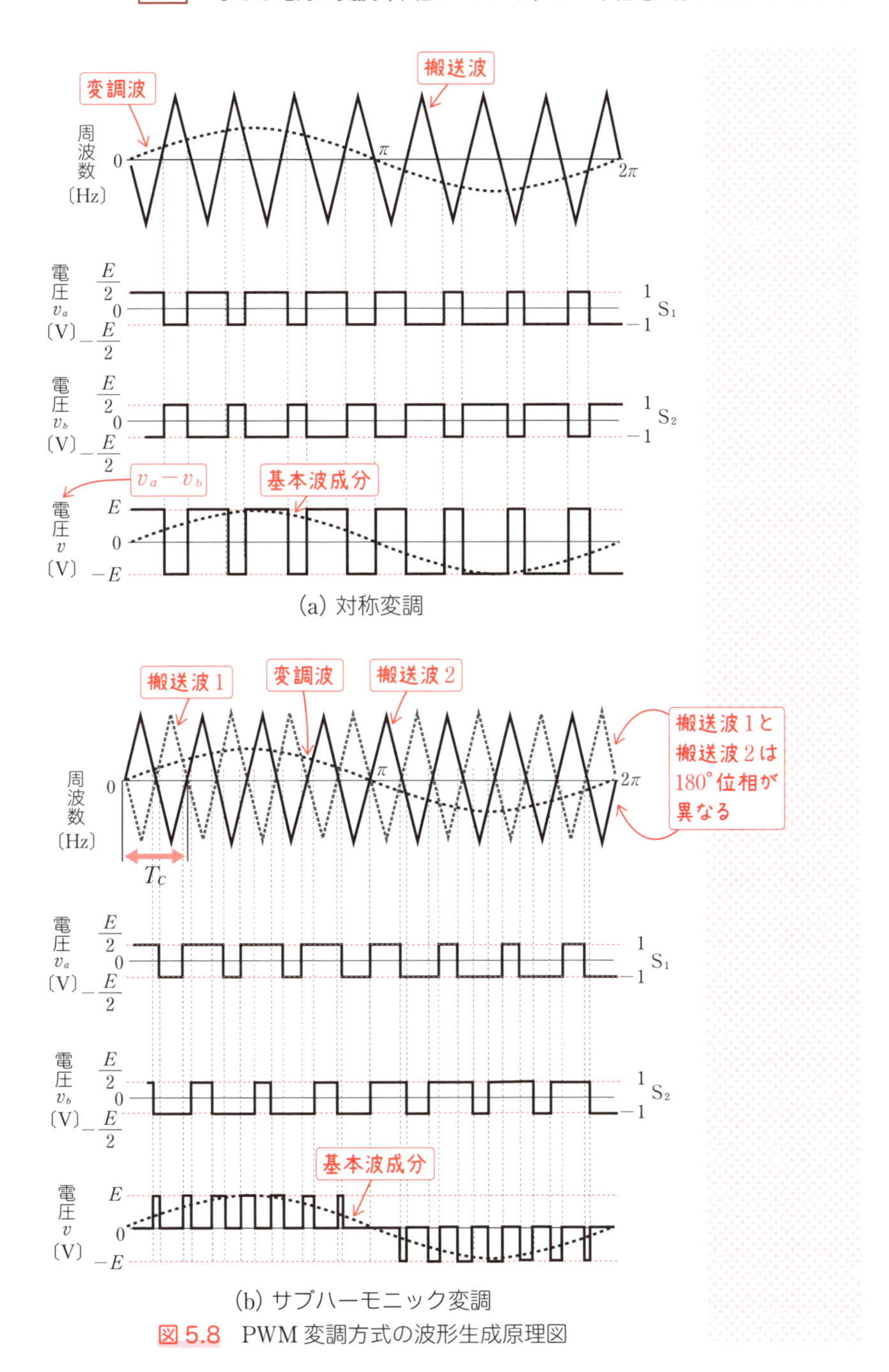

図 5.8 PWM 変調方式の波形生成原理図

対称変調の波形生成原理

対称変調では、三角波の搬送波と正弦波の変調波を比較してPWM信号を生成します。

- 変調波が搬送波より高い場合⇒$S_1=1$、$S_2=-1$
- 変調波が搬送波より低い場合⇒$S_1=-1$、$S_2=1$

このスイッチングに対応して、a点の電圧v_aとb点の電圧v_bが、振幅$\pm E/2$の方形波となります。負荷電圧vはv_a-v_bから得られます。これにより、パルスの幅が正弦波の瞬時値に対応して変調されるため、負荷電圧vはパルス状となります。パルスの幅が正弦波状に分布し、簡単なフィルタでスイッチング周波数付近の成分を除去することで、正弦波状の負荷電圧v（基本波成分）を得ることができます。

サブハーモニック変調の波形生成原理

サブハーモニック変調では、搬送波1と180°位相の異なる搬送波2が使用されます。

- 搬送波1が変調波より高い場合⇒$S_1=-1$
- 搬送波1が変調波より低い場合⇒$S_1=1$
- 搬送波2が変調波より高い場合⇒$S_2=1$
- 搬送波2が変調波より低い場合⇒$S_2=-1$

サブハーモニック変調では、スイッチング周波数の2倍の周波数成分を含む負荷電圧vを得ることができます。この原理は、負荷電圧を正弦波化するためのフィルタの小型化や、スイッチング周波数の低減に有効です。

Chapter 5

5.4 −大きな電力の変換（三相インバータ）1 −
三相電圧形インバータ

一般的に、交流モータの可変速駆動用や比較的大きな電力容量を扱う場合は、三相インバータが使用されます。ここでは、**三相電圧形インバータ**を解説します。**図5.9** に三相電圧形インバータの回路構成を示します。図5.1の単相電圧形インバータの回路構成（図5.1）と比べると、一相追加した構成であることがわかります。

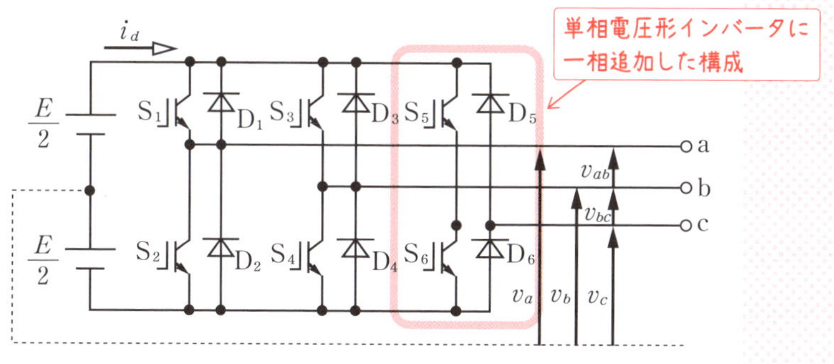

図 5.9　三相電圧形インバータの回路構成

図 5.10 に三相電圧形インバータの出力波形を示します。$0 \sim \pi$ の区間ではスイッチ S_1 にオン信号を与え、$\pi \sim 2\pi$ の区間ではスイッチ S_2 にオン信号を与えます。これにより、a 点の電圧 v_a の値は区間 $0 \sim \pi$ で $E/2$ となり、$\pi \sim 2\pi$ で $-E/2$ となります。

$\frac{2}{3}\pi$ 遅れて同じようにスイッチ S_3、S_4 にオン信号を与えると、b 点の電圧 v_b は v_a を $\frac{2}{3}\pi$ 遅らせた波形となります。

$\frac{2}{3}\pi$ 進んで同じようにスイッチ S_5、S_6 にオン信号を与えると、c 点の電圧 v_c は v_a を $\frac{2}{3}\pi$ 進ませた波形となります。

このように a 点～c 点の電圧より、三相交流電圧を得ることができます。

線間電圧 v_{ab} は $v_a - v_b$ で求められます。同様に線間電圧 v_{bc} は $v_b - v_c$、線間電圧 v_{ca} は $v_c - v_a$ となります。それぞれの交流波形も合わせて図 5.10 に示していますので、確認してみましょう。

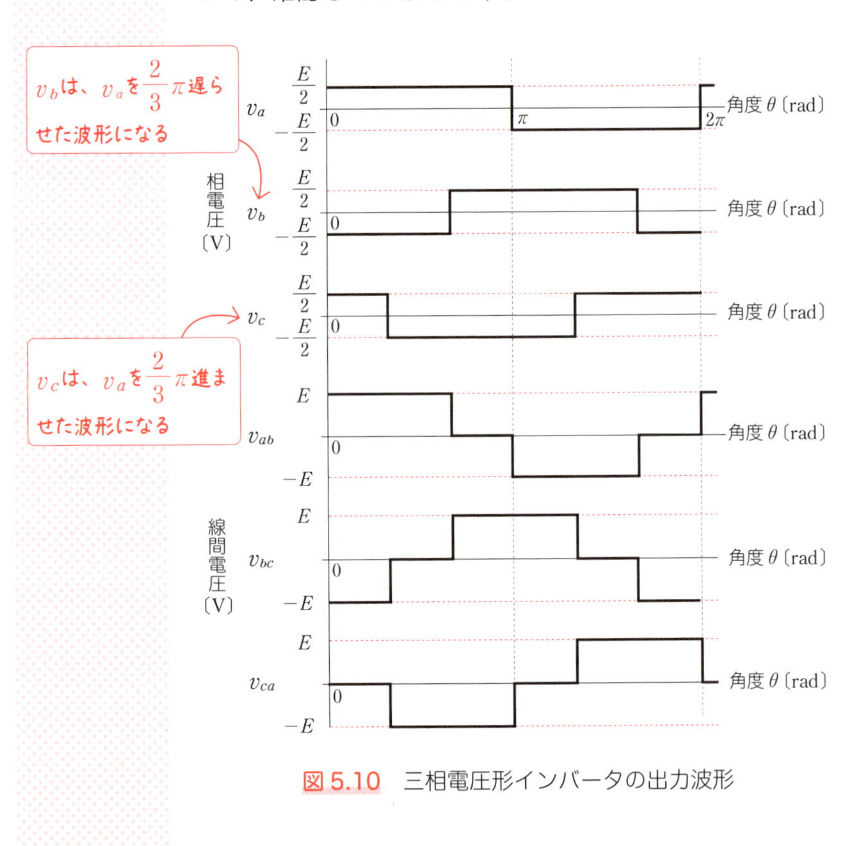

図 5.10　三相電圧形インバータの出力波形

Chapter 5

5.5 −大きな電力の変換（三相インバータ）2− 三相電圧形 PWM インバータ

続いて、**三相電圧形 PWM インバータ**をみていきます。回路構成は、三相電圧形インバータのもの（図 5.9）と同じです。まず、三相電圧形 PWM インバータの三角波比較方式について解説します。この方式は、5.3 節で解説した単相電圧形 PWM インバータの対称変調と同じ方式です。次に、三相電圧形 PWM インバータで最も一般的に用いられる、空間ベクトル PWM 方式について解説します。

❶ 三角波比較方式

まずは、原理的に簡単な三角波比較方式について解説します。**図 5.11** に、三相電圧形 PWM インバータの出力波形を示します。

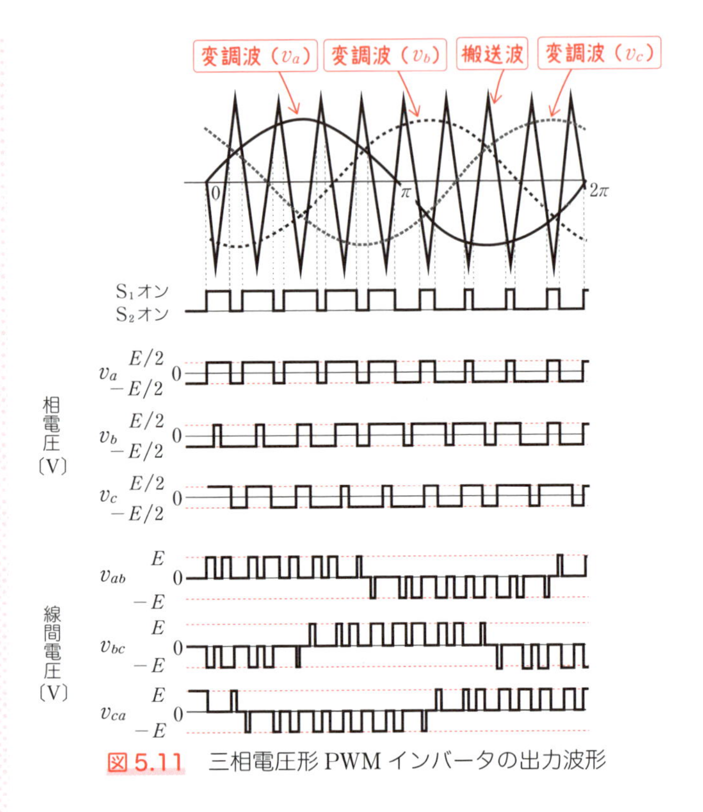

図 5.11　三相電圧形 PWM インバータの出力波形

図 5.11 の一番上に、a 点、b 点、c 点の電圧 v_a、v_b、v_c に対する、変調波と搬送波（三角波）を示します。これは、それぞれの変調波・搬送波を比較することで、スイッチ S_1、S_2 のオン・オフのタイミングが決まることを示しています。

例えば v_a の場合、搬送波より変調波の方が大きいときにはスイッチ S_1 をオンにし、逆に搬送波の方が大きいときにはスイッチ S_2 をオンにします。v_b、v_c についても同様です。これにより、v_a、v_b、v_c は $\pm E/2$ の振幅を持つパルス電圧となり、そのパルス幅は変調波の振幅に対応し、正弦波状になります。

また、それぞれの線間電圧は $v_{ab}=v_a-v_b$、$v_{bc}=v_b-v_c$、$v_{ca}=v_c-v_a$ で求められるので、$\pm E$ の振幅を持つパルス電圧となります。

三角波比較方式では、a 点、b 点、c 点の電圧 v_a、v_b、v_c が PWM 変調によってそれぞれ正弦波状になるため、線間電圧 v_{ab}、v_{bc}、v_{ca} もそれに伴って正弦波状になります。

なお、三角波比較方式では、変調波（指令値）の振幅は搬送波（三角波）の振幅より小さくなければなりません。従って、出力可能な相電圧の基本波振幅の最大値は $E/2$ となり、線間電圧の基本波振幅に換算すれば、$\sqrt{3}\,E/2 \fallingdotseq 0.87E$ となります。

❷ 空間ベクトル PWM（SVPWM）方式

続いて、空間ベクトル PWM（SVPWM：Space Vector Pulse Width Modulation）方式について解説します。空間ベクトル PWM 方式は、三相インバータで一般的に使用されるスイッチング法です。**図 5.12** に、空間ベクトル PWM 方式の三相電圧形インバータの等価回路を示します。

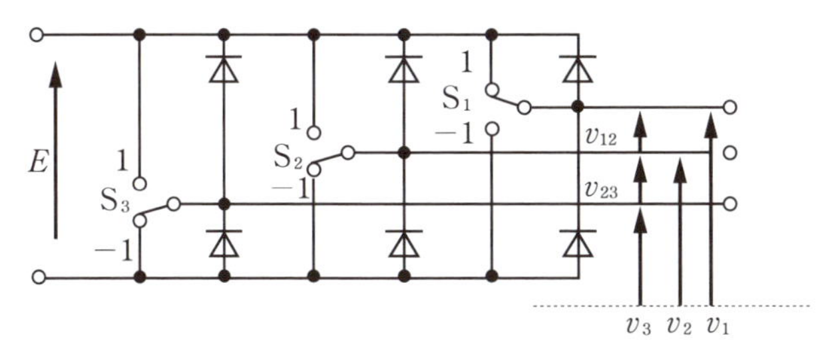

図 5.12　三相電圧形インバータの等価回路（SVPWM 方式）

インバータの瞬時出力電圧ベクトル v は、以下の式で定義します。

$$\overline{v}(t)=v_1+e^{j\gamma}v_2+e^{j2\gamma}v_3=v_a(t)+jv_b(t) \tag{5.1}$$

ただし、$\gamma=\dfrac{2\pi}{3}$ とします。

また、インバータ出力電圧ベクトルは、インバータ入力電圧 E によって、以下の式で表せます。

$$\begin{aligned}\overline{v}&=E/4\{(2S_1-S_2-S_3)+j\sqrt{3}(S_2-S_3)\}\\&=Ee^{jn\pi/3}\end{aligned} \tag{5.2}$$

電圧ベクトル $\overline{v}(t)$ は、スイッチの組み合わせにより、n の値が 0、1、2、3、4、5 でそれぞれ生じます。6 つのスイッチの組み合わせは、**図 5.13** に示すように、放射状に繰り返して生じます。

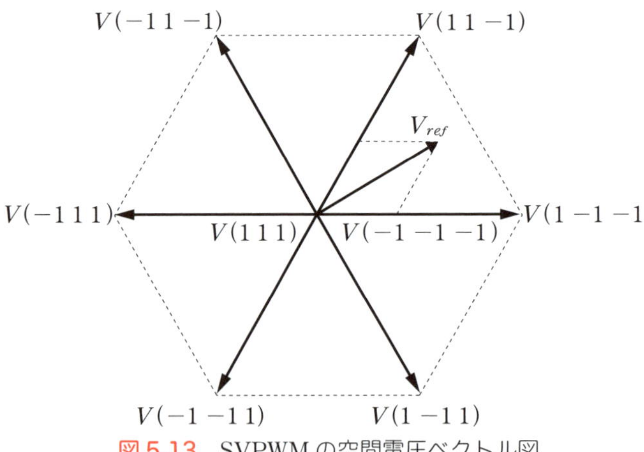

図 5.13　SVPWM の空間電圧ベクトル図

変換器電圧が上と下の枝電流の結合点で短絡されるとき、ゼロベクトル$(S_1, S_2, S_3)=(-1, -1, -1)$と、$(S_1, S_2, S_3)=(1, 1, 1)$になります。

任意の電圧ベクトルV_{ref}を出力するためには、その電圧ベクトルの属する60°の空間を囲む2つの電圧ベクトル$V(1, -1, -1)$、$V(1, 1, -1)$とゼロベクトル$V(-1, -1, -1)$、$V(1, 1, 1)$で電圧パターンを構成します。

図 5.14 に、スイッチングシーケンスを示します。ゼロベクトル以外の電圧ベクトルの継続時間t_1、t_2は、電圧ベクトルV_{ref}の方向成分により計算し、残りの時間をゼロベクトルで補足して平均した電圧ベクトルV_{ref}を構成します。この仕組みを、空間ベクトルPWM（SVPWM）と呼びます。

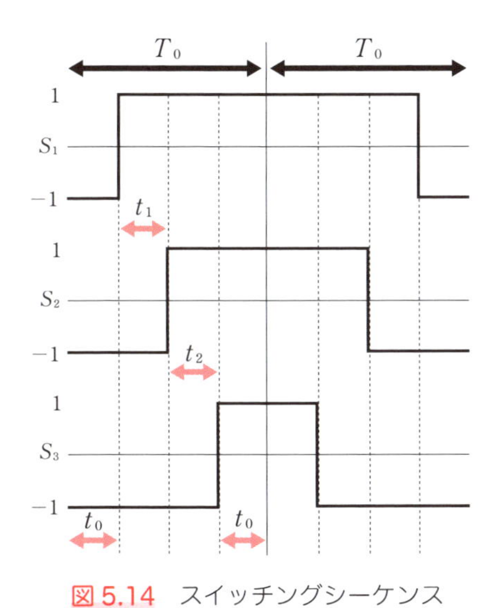

図 5.14 スイッチングシーケンス

いま、インバータのコントローラーによって、サンプリング周波数$f_0=1/T_0$でスイッチングされていると仮定します。2つの近接したベクトルの継続時間t_1、t_2は次式から計算できます。

$$\begin{aligned}\overline{v}_{ref}&=(v_a+jv_b)_{ref}\\&=V(1,\ -1,\ -1)\frac{t_1}{T_0}+V(1,\ 1,\ -1)\frac{t_2}{T_0}\\&=E\left(\frac{t_1}{T_0}+e^{j\frac{\pi}{3}}\cdot\frac{t_2}{T_0}\right)\end{aligned}\tag{5.3}$$

このとき、$t_1+t_2+2t_0=T_0$の関係は、常に保持する必要があります。ここでt_0はゼロベクトルの期間、$2T_0$はスイッチング周期です。

式(5.3)をt_1とt_2について解くと、以下の式が得られます。

$$\frac{t_1}{T_0}=\frac{v_{aref}}{E}-\frac{1}{\sqrt{3}}\frac{v_{bref}}{E}\tag{5.4}$$

$$\frac{t_2}{T_0}=\frac{2}{\sqrt{3}}\cdot\frac{v_{bref}}{E}\tag{5.5}$$

$$\frac{2t_0}{T_0}=1-\frac{t_1}{T_0}-\frac{t_2}{T_0}\tag{5.6}$$

以下に、三相の相電圧v_{ref}を式(5.7)～(5.9)とした場合の、SVPWM制御のスイッチング例を**図5.15**に示します。

$$v_{ref1} = \sqrt{\frac{2}{3}} \times 200\cos(\omega t) \tag{5.7}$$

$$v_{ref2} = \sqrt{\frac{2}{3}} \times 200\cos\left(\omega t - \frac{2}{3}\pi\right) \tag{5.8}$$

$$v_{ref3} = \sqrt{\frac{2}{3}} \times 200\cos\left(\omega t + \frac{2}{3}\pi\right) \tag{5.9}$$

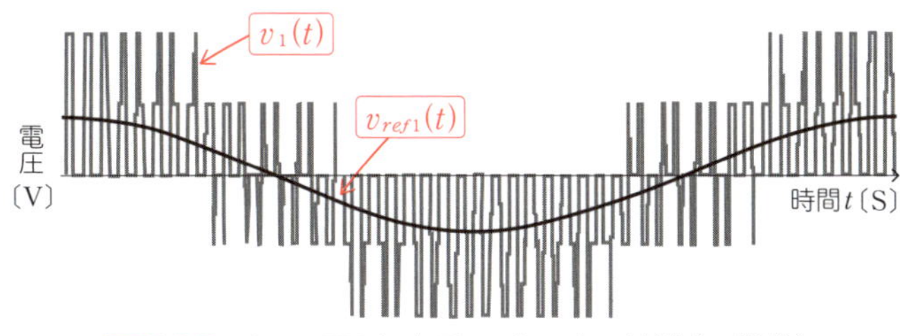

図 5.15　SVPWM によるスイッチング例（一相分）

空間ベクトル PWM 方式では、線間電圧の基本波振幅の最大値が E となるため、三角波比較方式と比べて $2/\sqrt{3}$ 倍の出力電圧を得ることができ、電圧利用率が高まるというメリットがあります。

なお、現在では SVPWM 生成のための IC が市販されており、実際の利用は簡単になっています。

演習問題

1 図 5.7 の単相電圧形 PWM インバータにおいて、サブハーモニック変調を行っているとします。v_a 及び v_b の 50Hz の基本波成分の振幅 V_a 及び V_b は、それぞれ $V_s/V_c \times E/2$ で求められます。ここで V_c は搬送波（三角波）の振幅で 10V、V_s は変調波（正弦波）の振幅で 9V、E は直流電圧 200V です。また、v の 50Hz 基本波成分の振幅 $V = V_a + V_b$ となるとき、v の基本波成分の実効値 V_e を求めてみましょう。

2 三相電圧形 PWM インバータの三角波比較方式について、相電圧の基本波振幅の最大値と、線間電圧の基本波振幅の最大値はいくらですか？
ただし、インバータの入力電圧を E とします。

3 三相電圧形 PWM インバータの空間ベクトル PWM 方式は、三角波比較方式と比べてどのようなメリットがありますか？

演習問題 解答

1 $V = V_a + V_b = V_s/V_c \times E/2 + V_s/V_c \times E/2$
$= V_s/V_c \times E = 9/10 \times 200 = 180$〔V〕
この値は v の基本波成分の振幅なので、その実効値 V_e は
$V_e = V/\sqrt{2} \fallingdotseq 127$〔V〕となります。

2 相電圧の基本波振幅の最大値は $E/2$
線間電圧の基本波振幅の最大値は $\sqrt{3}E/2$

3 空間ベクトル PWM 方式では、線間電圧の基本波振幅の最大値が E となるため、三角波比較方式と比較して $2/\sqrt{3}$ 倍の出力を得ることができ、電圧利用率が高まるというメリットがあります。

power electronics

Chapter 6

交流電圧を上げ下げする “交流電力変換回路”

Chapter.6 では、交流電圧を上げたり下げたりする回路～交流電力変換回路～について解説します。交流電力変換回路には、電力変換時に周波数変換を伴わない交流電力調整回路と、周波数変換を伴うマトリックスコンバータまたはサイクロコンバータがあります。また、整流回路とインバータを組み合わせて、直流を介して変換を行う間接交流電力変換回路があります。

Chapter 6 Summary note

交流電力の電圧(電流)を
上げ下げするしくみと回路

周波数変換を伴わない → 交流電力調整回路

周波数変換を伴う
- → ・サイクロコンバータ(周波数を下げるのみ
  ・マトリックスコンバータ
- → 間接交流電力変換器
  (整流回路+インバータ)

サイリスタ位相制御回路 制御角 α で出力電圧を制御

・抵抗負荷

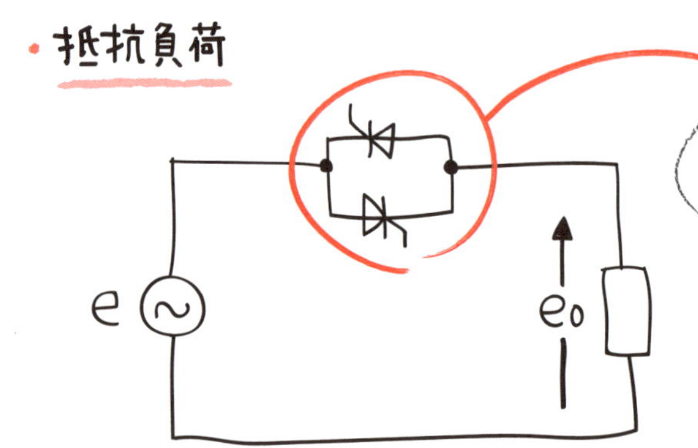

トライアックに
置き換え可能

3端子を持つ半導体
スイッチング素子のひとつ

制御角 α で点弧
位相角 π で消弧

$e = E_m \sin\theta$

出力電圧の実効値 $E_0 = E\sqrt{\dfrac{2(\pi-\alpha)+\sin 2\alpha}{2\pi}}$

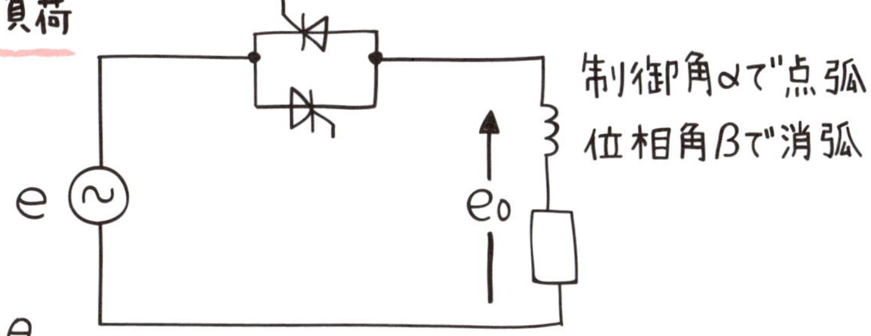

$e = E_m \sin\theta$

出力電圧の実効値 $E_0 = E\sqrt{\dfrac{2(\pi-\alpha+\beta)+\sin 2\alpha-\sin 2\beta}{2\pi}}$

マトリックスコンバータ

三相交流電源の振幅や周波数と異なる相電圧を出力可

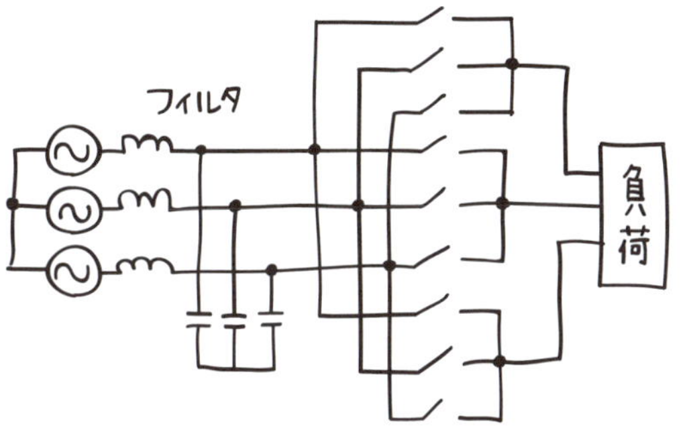

デメリット 瞬時電圧低下や波形歪などの電源電圧変動の影響大（エネルギーバッファがない）

間接交流変換回路

出力電圧の振幅や周波数を自由に変えられる

整流回路とインバータの組み合わせ

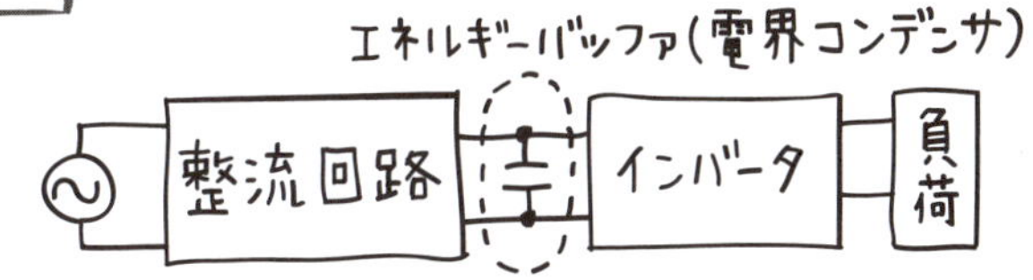

メリット エネルギーバッファを持っているため電源電圧の変動の影響小

電界コンデンサを使用 → 劣化が起きる
定期的なメンテナンスが必要

Chapter 6

6.1 サイリスタ位相制御回路

交流電力調整回路の実用例としてよく挙げられるもののひとつに、調光装置があります。調光装置に用いられている交流電力調整回路は、**サイリスタ位相制御回路**です。6.1 節では、まずサイリスタ位相制御回路を解説していきます。

❶ 抵抗負荷の場合

図 6.1 に、抵抗負荷としたときのサイリスタ位相制御回路を示します。2 個のサイリスタを逆並列に接続し、正負の各半サイクルに対して対称に制御しています。

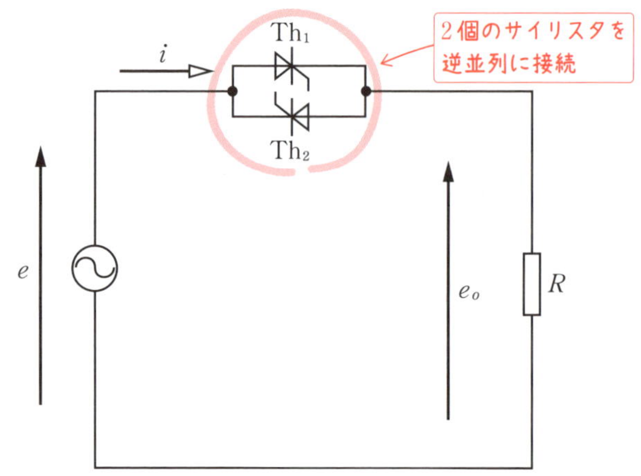

図 6.1　サイリスタ位相制御回路の回路構成（抵抗負荷）

図 6.2 に、サイリスタ位相制御回路の動作波形を示します。

点弧角 α でサイリスタ Th_1 を点弧すると、サイリスタ Th_1 がオン状態となって電源電流 i が正の方向に流れます。位相角 π で電流が0になり、サイリスタ Th_1 はオフ状態になります。

次いで、$\pi+\alpha$ でサイリスタ Th_2 を点弧すると、サイリスタ Th_2 がオン状態となり、電源電流 i が負の方向に流れます。

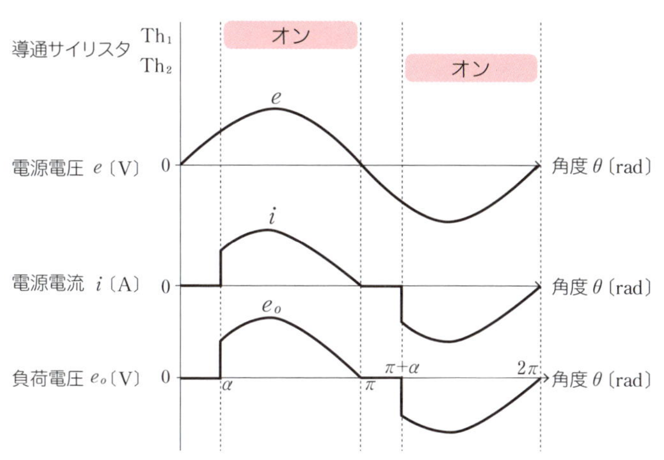

図 6.2 サイリスタ位相制御回路の動作波形（抵抗負荷）

いま、電源電圧を $e=E_m\sin\theta$ とすると、出力電圧の実効値 E_o と出力電流の実効値 I は、次式で表すことができます。

$$E_o=\sqrt{\frac{1}{\pi}\int_{\alpha}^{\pi}(E_m\sin\theta)^2\,d\theta}=\frac{E_m}{\sqrt{2}}\sqrt{\frac{2(\pi-\alpha)+\sin 2\alpha}{2\pi}}$$

$$=E\sqrt{\frac{2(\pi-\alpha)+\sin 2\alpha}{2\pi}} \qquad (6.1)$$

$$I=\frac{E_o}{R}=\frac{E}{R}\sqrt{\frac{2(\pi-\alpha)+\sin 2\alpha}{2\pi}} \tag{6.2}$$

図 6.1 のサイリスタの逆並列回路部分は、**図 6.3** に示すようにひとつのトライアック★で置き換えることができます。トライアックを用いた回路は、白熱電球の調光装置などによく用いられます。

KeyWord
トライアックとは？
トライアック(TRIAC)は、サイリスタの一種で、3つの端子を持った半導体スイッチング素子のことです。

図 6.4 に点弧角 α に対する E_o/E の関係を示します。点弧角 α が大きくなると出力電圧が低下することがわかります。

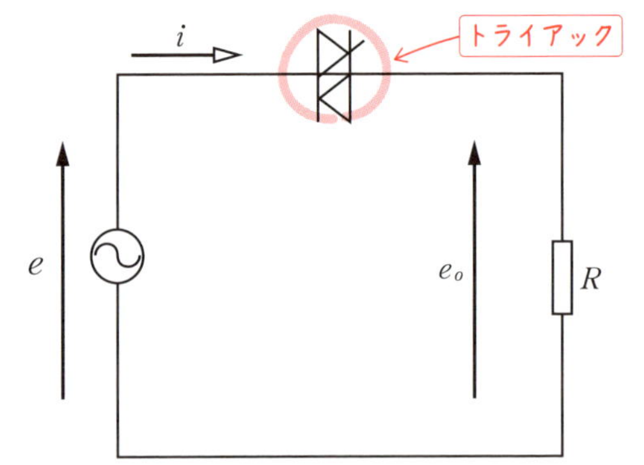

図 6.3　サイリスタをトライアックに置き換えた回路

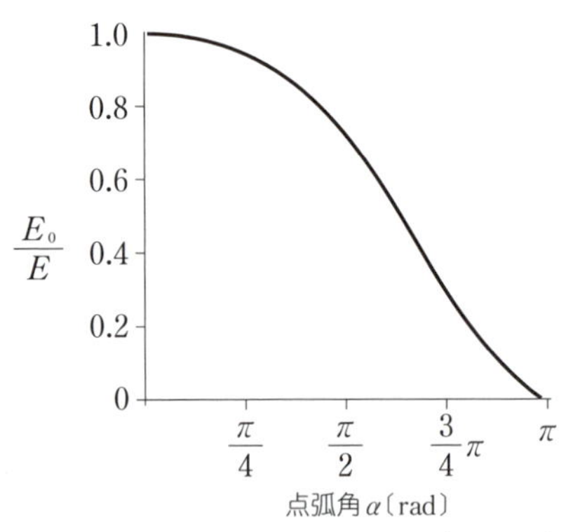

図 6.4　点弧角 α に対する E_o/E の関係

❷ 誘導性負荷の場合

図 6.5 に誘導性負荷としたときのサイリスタ位相制御回路を、**図 6.6** にはその動作波形を示します。

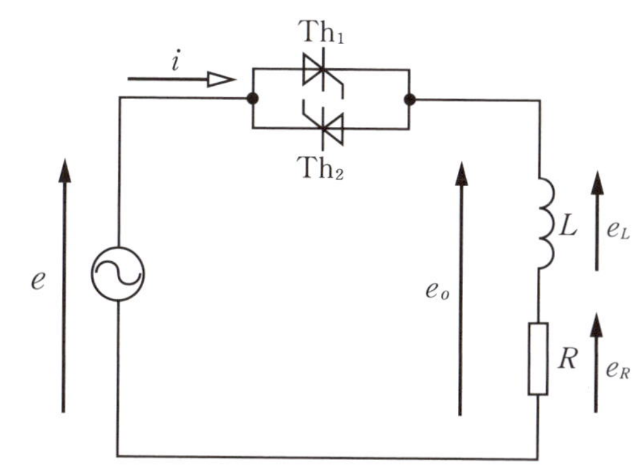

図 6.5　サイリスタ位相制御回路の回路構成（誘導性負荷）

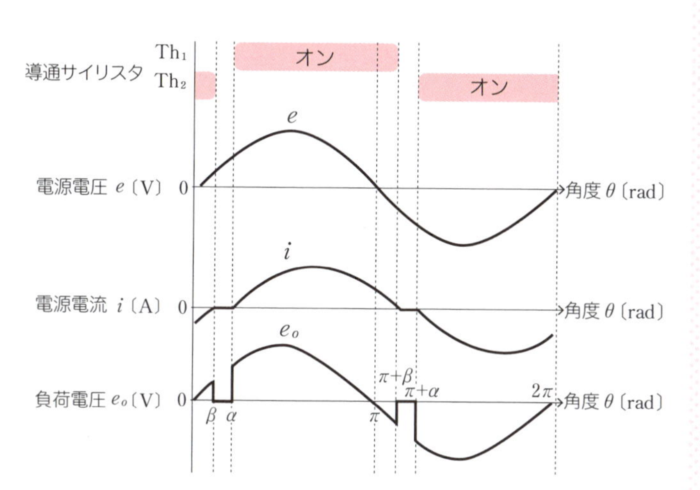

図 6.6　サイリスタ位相制御回路（誘導性負荷）の動作波形

点弧角 α でサイリスタ Th_1 を点弧すると、サイリスタ Th_1 がオン状態となって、電源電流 i は 0 から増加し正の方向に流れます。

位相角がπになっても電源電流iは0にならず、そのまま流れ続けます。位相角βで電源電流iが0になると、サイリスタTh_1はオフ状態になります。

次いで、$\pi+\alpha$で今度はサイリスタTh_2を点弧すると、Th_2がオン状態となり、電源電流iが0から増加して、負の方向に流れます。

いま、電源電圧を$e=E_m\sin\theta$とすると、出力電圧の実効値E_oは次式で表すことができます。

$$E_o=\sqrt{\frac{1}{\pi}\left\{\int_0^{\beta}(E_m\sin\theta)^2d\theta+\int_{\alpha}^{\pi}(E_m\sin\theta)^2d\theta\right\}}$$

$$=\frac{E_m}{\sqrt{2}}\sqrt{\frac{2(\pi-\alpha+\beta)+\sin2\alpha-\sin2\beta}{2\pi}}$$

$$=E\sqrt{\frac{2(\pi-\alpha+\beta)+\sin2\alpha-\sin2\beta}{2\pi}} \tag{6.3}$$

図 6.7 に、電力容量が大きいときに用いられる一般的な三相サイリスタ位相制御回路を示します。三相の場合は、逆並列接続サイリスタが3つ必要になります。逆並列サイリスタは、図6.3で示したトライアックに置き換えることもできます。

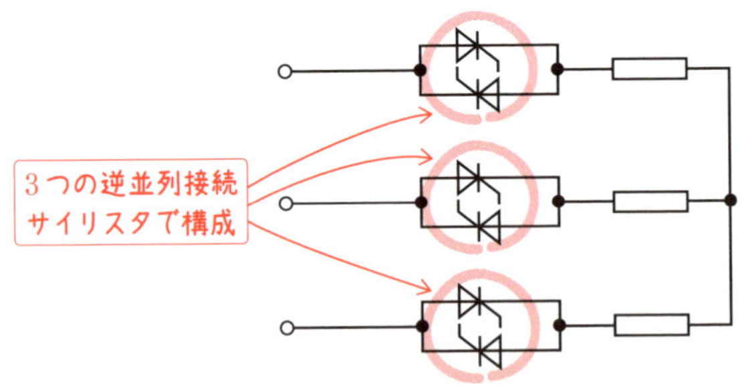

図 6.7　三相サイリスタ位相制御回路

Chapter 6

6.2 マトリックスコンバータ

マトリックスコンバータは、後述する間接交流電力変換回路と異なり、電解コンデンサなどの大型のエネルギーバッファを介さないで交流電圧を直接電力変換する回路です。マトリックスコンバータでは、長寿命化、高効率化、小型化などを実現できます。

図 6.8 に、マトリックスコンバータの基本回路構成を示します。マトリックスコンバータではスイッチを格子状に 9 個配置します★。スイッチには交流電圧が印加されるため、**図 6.9** に示すように逆耐圧を有する双方向スイッチ（RB-IGBT：Reverse Blocking IGBT）を用います。なお、従来の IGBT を用いる場合は、逆直列に接続した素子を交流スイッチとして用います。

KeyWord
マトリックスとは？
この配置が"マトリックス"コンバータと呼ばれる理由です。

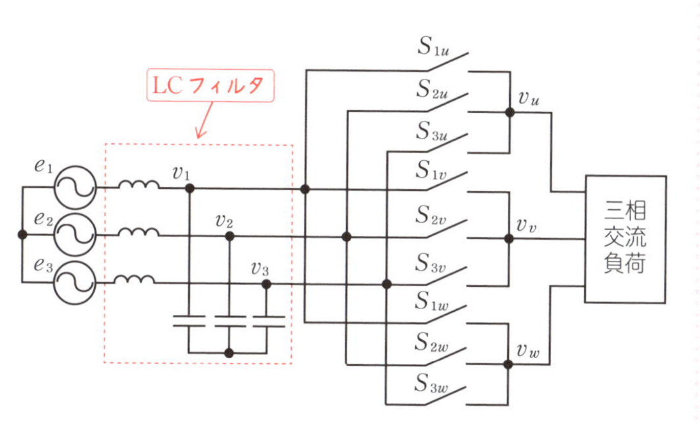

図 6.8　マトリックスコンバータ

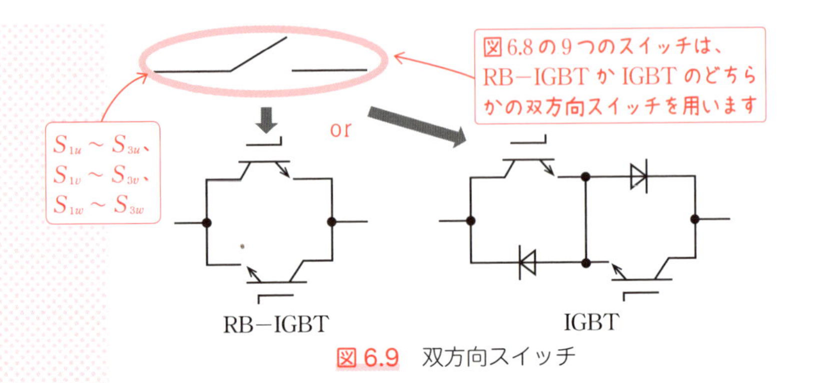

図 6.9　双方向スイッチ

マトリックスコンバータの制御方法についても、簡単にみていきましょう。三相交流は、電源位相に応じて6つの領域に分けることができます（**図 6.10**）。ここでは、電源電圧の負の絶対値が最大となる点を含む領域をA、正の絶対値が最大となる点を含む領域をBと定義します。

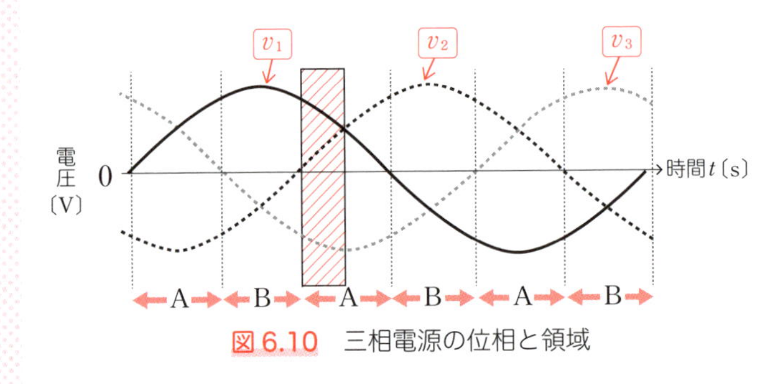

図 6.10　三相電源の位相と領域

次に、出力電圧範囲を大きくするために、領域ごとに次の規則を定めます。

領域 A ⇒ 入力電圧の最小相と出力電圧の最小相を接続する

領域 B ⇒ 入力電圧の最大相と出力電圧の最大相を接続する

マトリックスコンバータの入力相電圧と出力相電圧の関係は、次式で表すことができます。

$$v_u = S_{1u} v_1 + S_{2u} v_2 + S_{3u} v_3 \tag{6.4}$$

$$v_v = S_{1v} v_1 + S_{2v} v_2 + S_{3v} v_3 \tag{6.5}$$

$$v_w = S_{1w} v_1 + S_{2w} v_2 + S_{3w} v_3 \tag{6.6}$$

$S_{1u} \sim S_{3u}$、$S_{1v} \sim S_{3v}$、$S_{1w} \sim S_{3w}$ は、それぞれスイッチの状態を表しており、オンのときは1、オフのときは0になります。図6.8の回路図からもわかるように、$S_{1u} \sim S_{3u}$が同時にオンになると、電源を短絡してしまうため、各スイッチには以下の条件を設ける必要があります。これは $S_{1v} \sim S_{3v}$、$S_{1w} \sim S_{3w}$ についても同様です。

$$S_{1u} + S_{2u} + S_{3u} = 1 \tag{6.7}$$

$$S_{1v} + S_{2v} + S_{3v} = 1 \tag{6.8}$$

$$S_{1w} + S_{2w} + S_{3w} = 1 \tag{6.9}$$

いま、図6.10の斜線の領域（$v_1 > v_2 > v_3$）で、出力側電圧指令の関係が $v_u{}^* > v_v{}^* > v_w{}^*$ の場合について考えてみます。この期間に複数のスイッチングを行うので、スイッチング周期 T は三相交流電源の相電圧の周期と比較して十分短く、周期 T の間に相電圧 v_1、v_2、v_3 の振幅は一定とみなせるものとします。

*は指令値を表しています

斜線の領域は「領域A」なので、前述の規則（入力電圧の最小相と出力電圧の最小相を接続する）が適用されます。具体的には、v_3 相と v_w 相が接続されるため、$S_{3w}=1$ となります。式 (6.9) より、$S_{1w}=S_{2w}=0$ となるので u 相と v 相のみをスイッチングします。三相3線式では、三相のうち二相の電圧が決定すれば、残りの一相の電圧は自動的に決まります。よって、線間電圧 v_{wu} と v_{vw} を制御すれば、目的の三相交流電圧を得ることができます。

W相を基準とすると、式 (6.4) と式 (6.6) より、線間電圧 v_{vw} は次式で求めることができます。

$$v_{vw}=v_v-v_w=S_{1v}v_1+S_{2v}v_2+(S_{3v}-1)v_3 \tag{6.10}$$

また、式 (6.8) より、上式は以下でも表すことができます。

$$v_{vw}=v_v-v_w=S_{1v}v_1+S_{2v}v_2-(S_{1v}+S_{2v})v_3 \tag{6.11}$$

式 (6.11) からわかるとおり、同じ出力電圧を得るための S_{1v} と S_{2v} による組み合わせは無数に存在します。そこで、入力電流を正弦波にする条件から S_{1v} と S_{2v} の関係を決定することになります。

上記の条件でスイッチングを行った例を、**図6.11** に示します。同図のように S_{1v} ～ S_{3v}、S_{1w} ～ S_{3w} をオン・オフ動作させると一番下のような相電圧 v_v、v_w が出力されるので、線間電圧 $v_{vw}(v_v-v_w)$ の極性は正となります。さらに、S_{1v} ～ S_{3v} のオン時間を式 (6.8) を満たすように変化させることによって、線間電圧 $v_{vw}(v_v - v_w)$ の平均値を $0 \sim (v_1 - v_3)$ の範囲で連続的に変化させることができます。

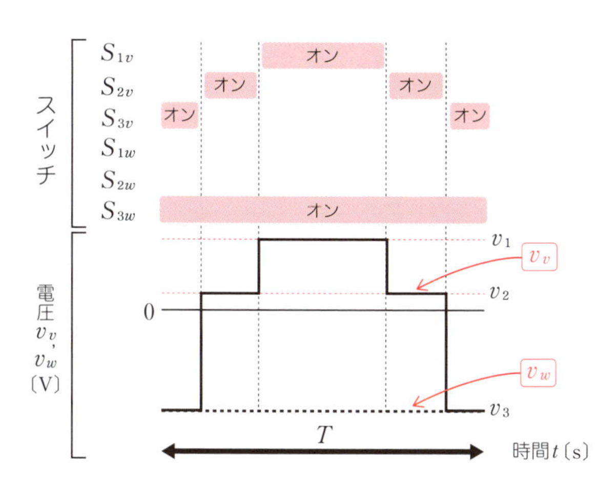

図 6.11　マトリックスコンバータの動作波形（v_{vw} の制御例）

このように、マトリックスコンバータは三相交流電源の振幅や周波数と異なる相電圧 $v_u \sim v_w$ を出力することができることがわかります。

なお、マトリックスコンバータの歪みを生じない出力線間電圧の振幅は、三相交流電源の線間電圧の振幅の $\sqrt{3}/2\,(\fallingdotseq 0.866)$ 倍となります。また、サイクロコンバータと異なり電源周波数より高い周波数の交流電圧を出力でき、入力電流波形を正弦波状にできるという利点があります。

ただし、間接交流電力変換回路に含まれる平滑コンデンサがないため（次節参照）、瞬時電圧低下や波形歪みといった電源電圧変動の影響を受けやすいという欠点もあります。

Chapter 6

6.3 間接交流電力変換回路

間接交流電力変換回路は、前述の整流回路（Chapter.4参照）とインバータ（Chapter.5 参照）を組み合わせた回路構成となっています。**図 6.12** に、単相回路の例を示します。個々の動作の詳細は、関連する章を確認してください。

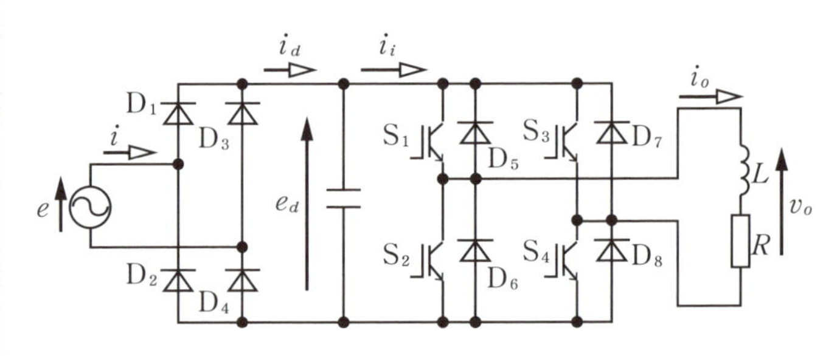

図 6.12　間接交流電力変換回路例

この回路は、交流電源をいったん整流し、電界コンデンサをエネルギーバッファとします。この直流になった中間電圧を、インバータを用いて再び交流に変換する仕組みです。

間接交流電力変換回路には、直流を介することで交流出力電圧の振幅や周波数を自由に変えられるという利点があります。また、エネルギーバッファを持っているため、瞬時電圧低下や波形歪みといった電源電圧変動の影響を受けにくいといった利点もあります。

ただし、直流部に使用されている電界コンデンサは非常に大きな体積を占めるうえに、電界コンデンサには寿命があるため、温度に応じて寿命が短くなります。高温環境や、リップル電流が大きく発熱が大きい場合は、電界コンデンサの劣化が早く、定期的にメンテナンスが必要となるといった欠点も覚えておきましょう。

演習問題

1 図6.1の単相交流電力調整回路において、電源電圧の実効値が100Vで負荷抵抗 R が100Ω、制御角 α が90°のときの出力電圧の実効値 E_0 と出力電流の実効値 I_0 を求めましょう。

2 マトリックスコンバータの特徴（利点、欠点）を端的に述べてください。

演習問題 解答

1 (6.1) 式より、

$$E_o = E\sqrt{\frac{2(\pi-\alpha)+\sin 2\alpha}{2\pi}} = 100\times\sqrt{\frac{2\times\left(\pi-\frac{\pi}{2}\right)+\sin\pi}{2\pi}}$$

$$= 100\times 0.707 = 70.7〔\mathrm{V}〕$$

$$I_0 = \frac{E_o}{R} = 70.7/100 = 0.707〔\mathrm{A}〕$$

2 電源周波数より高い周波数の交流電圧も出力することができ、入力電流波形を正弦波状にできるという利点があります。しかし、間接交流電力変換回路に含まれる平滑コンデンサがないため、瞬時電圧低下や波形歪みといった電源電圧変動の影響を受けやすいという欠点もあります。

power electronics

Chapter 7

パワーエレクトロニクスの PID 制御

ここからは、パワーエレクトロニクスの制御の基礎についてみていきましょう。パワーエレクトロニクスは、PID 制御と呼ばれる手法で制御するのが主流です。PID 制御のほかに、より高度な現代制御理論に基づく制御やファジー制御なども試みられていますが、その実用例はごくわずかです。いま市場にある調節器は、ほとんどが PID 制御を基本としています。
そこで Chapter.7 では、まず PID 調節器の仕組みについて解説し、そこからパワーエレクトロニクス制御への用い方について示します。

Chapter 7 Summary note

パワエレの制御方法 → 主流はPID制御

オンオフ制御

デメリット　値を読み取り、判定してオンオフを行うため、その都度値が上下変動してしまう。

比例動作（P）

（P）

出力を実際の値と目標値の差（偏差）に比例させる制御。

デメリット　残った偏差を正すために、手動リセットが必要になる。

積分動作（I）

PI（I）

偏差の積分値を出力
手動リセットを調節計が自動で行う。
（自動リセット）

微分動作（D）

PD（D）

偏差の微分値を出力
急激な温度変化に対応。

組み合わせた制御＝**PID制御**

最良の制御性能を得るためにはパラメータの調整が必用

PID制御の例

電流一定

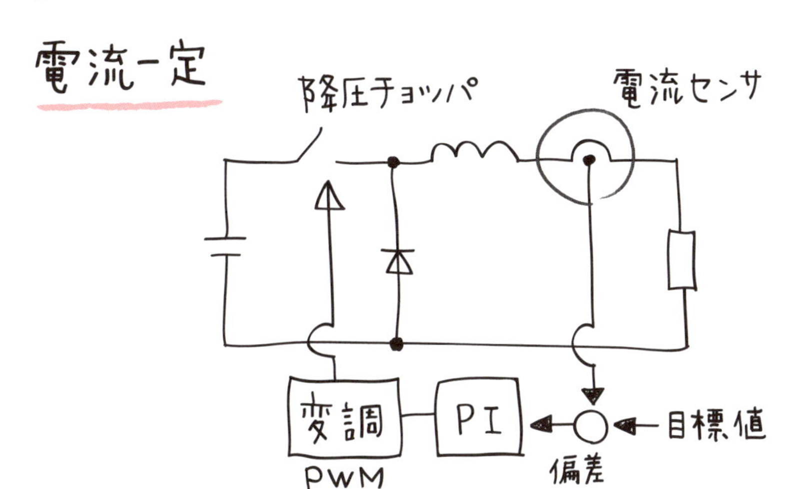

電流をセンサで読みとってPIで目標値に近づける。

電圧一定

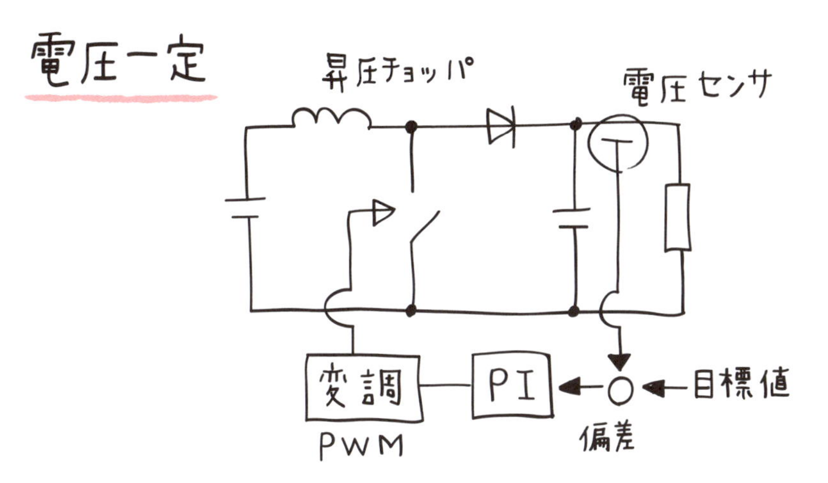

電圧をセンサで読みとってPIで目標値に近づける。

Chapter 7

7.1 － PID 制御の仕組み 1 －
オン・オフ制御の仕組み

制御の仕組みを理解するために、液体の温度を制御するためのシンプルなモデルで考えてみます。**図 7.1** は、容器に入った液体の温度を、目標の値で一定に保つための装置です。

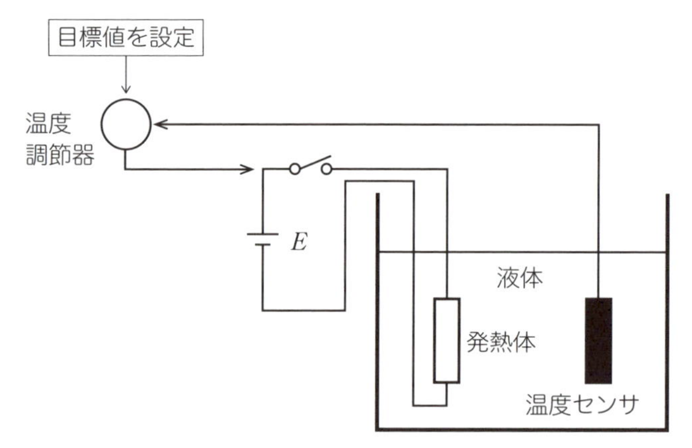

図 7.1　温度を一定に制御するための装置モデル

液体の温度を一定に保とうとした場合、まず思いつくのは一定のタイミングで温度をチェックして、目標の値から外れたらその都度液体を温めたり冷ましたりする方法でしょう。

図 7.1 の装置では、温度が目標値よりも下がったら電源 E を発熱体に印加して温度を上昇させます。逆に、目標値よりも温度が上昇したら電源 E の印加を止めて温度を低下させます。この動作を繰り返すことで、液体

の温度をほぼ一定に保つことができます。このような制御手法を**オン・オフ制御**といいます。オン・オフ制御で液体の温度を制御した場合の温度グラフを、**図 7.2** に示します。

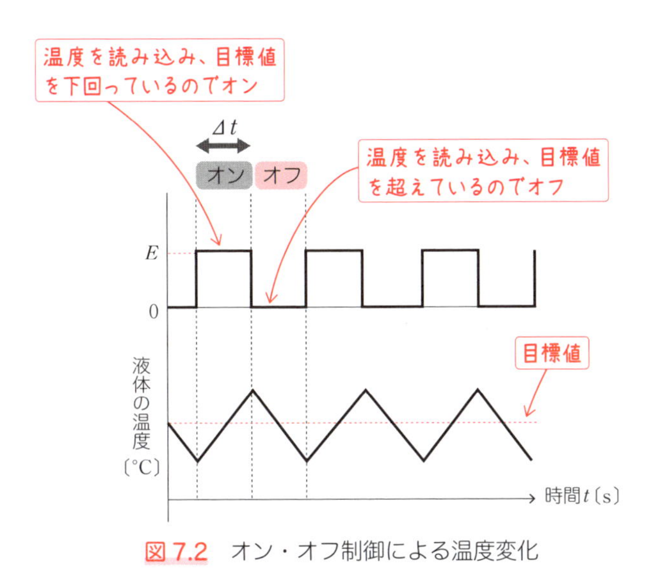

図 7.2　オン・オフ制御による温度変化

オン・オフ制御では、一定の間隔 (Δ*t*) で温度を読み取り、目標値よりも高いか低いかを判定して電源 *E* のオン・オフを行います。図 7.2 をみてもわかるとおり、間隔 Δ*t* の間に温度が上昇・下降して常に変動するので、制御手法としてはあまり好ましいと言えません。

そこで、この変動の対策として考えられたのが、次に解説する比例制御 (P 制御) です。

Chapter 7

7.2 ― PID 制御の仕組み 2 ―
比例制御（P 制御）の仕組み

オン・オフ制御は、電源電圧 E の印加をするかしないかで制御する仕組みのため、図 7.2 のように温度の変動が生じました。つまりオン・オフの間隔を、もう少し小刻みにできれば、変動も小さくなるはずです。しかし、サンプリング周期はマイコンの性能の制約を受けるため、短くするにも限界があります。そこで、温度調節器の出力（電源電圧 E）を、液体の実際の温度と目標値の差（**偏差**）に比例させる方法を考えてみます。

まず、制御スタート時の温度を、目標の温度に合わせるために必要な電圧が 0.5E（50%）であったと仮定します。温度調節器の出力を偏差に比例させると、偏差がマイナスのときは少しだけ電圧を上げます。逆に偏差がプラスになったときには少しだけ電圧を下げます。この制御により、オン・オフ制御に比べると温度の大きな変動がなくなります。

この制御方法は、**比例制御**（**P 制御**）といいます。P は Proportional（比例）の頭文字です。

温度調節器の出力と、偏差の関係は**図 7.3** のようになります。この例では、温度調節器の出力を 0～100%（0～E）、対応する温度の偏差範囲を −10℃～＋10℃としています。この偏差範囲は、**比例帯**と呼ばれます。比例帯が狭くなると、図 7.3 のグラフの傾きが大きくなり、オン・オフ制御に近づきます。

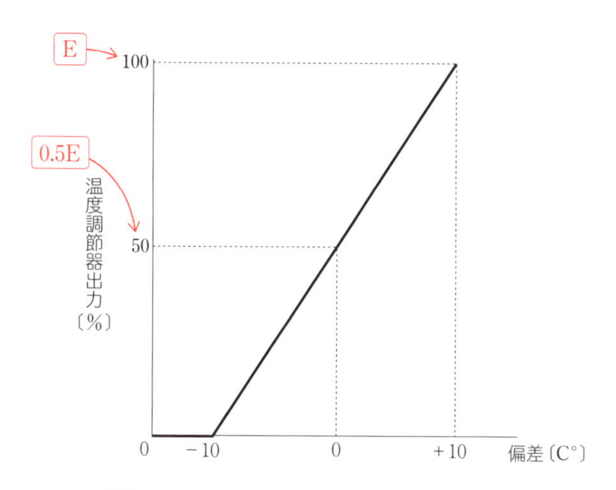

図 7.3　温度調節器の出力と偏差の関係

P 制御は、温度調節器の出力電圧 $u(t)$ が入力電圧 $e(t)$ に比例するため、その伝達関数は次式で表せます。

$$G_p(s) = \frac{U(s)}{E(s)} = K_p \tag{7.1}$$

K_p は**比例ゲイン**と呼ばれる定数、s はラプラス演算子です。

比例帯の幅と温度変化の関係

比例帯の幅の違いによる温度変化について、もう少し詳しくみていきましょう。比例制御による温度の変化の概念図を**図 7.4** に示します。

先に述べたとおり、比例帯を狭くするとオン・オフ制御に近づき、温度調節器出力の変化は大きくなります。逆に比例帯を広くすると偏差に対する温度調節器出力の変化は小さくなり、測定値の変化も小さくなります。

ただし、どちらの場合も最終的には目標値に到達せずに偏差が残ります。この偏差を**オフセット**（**定常偏差**）といいます。

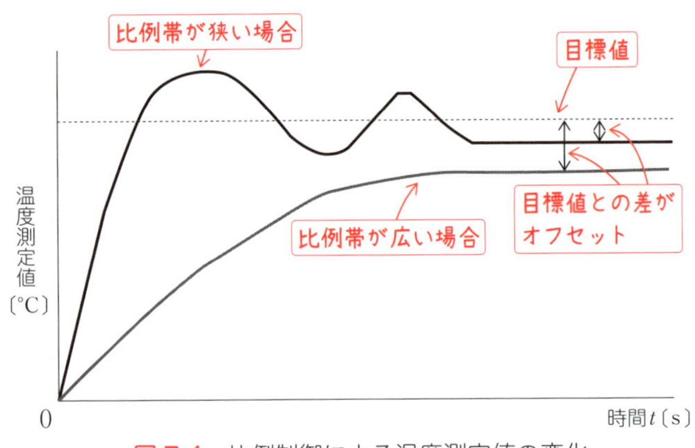

図 7.4　比例制御による温度測定値の変化

オフセットは、仮に偏差が 0 の場合であっても、外気温の影響など、さまざまな環境の変化により、目標の温度と温度調節器の出力との関係が初期の状態から変化するため、必ず生じます。従って、オフセットを生じさせないためには、目標の温度と温度調節器の出力の関係を、繰り返し設定し直す必要があります。これを**手動リセット**といいます。

制御において、手動リセットを何回も行うのは現実的とは言えないでしょう。そこで考えられたのが、次に解説する積分制御（I 制御）です。

Chapter 7

7.3 ― PID制御の仕組み 3 ―
積分制御（I制御）の仕組み

比例制御の問題は、手動リセットを何回も行わなければいけない点でした。このリセット動作を、温度調節器を使って自動で行う仕組みを**積分制御**（**I制御**）といいます。I は Integral（積分）の頭文字です。

積分制御は、偏差を時間で積分して、この値を比例制御の出力に加えます。偏差の積分値は、時間に対して偏差の量を加算したものになるため、偏差がある限り増加し、最終的には比例制御の手動リセットを行ったものと同じになるという仕組みです。

比例制御に積分制御を加えることで、オフセットはなくなり、温度調節器の出力の増加は停止します。これを**自動リセット**といいます。積分制御の特徴は、「偏差がある限り積分制御の出力は増加するが、偏差がなくなるとそのときの値に保持される」点にあります。この値を減少させるには、マイナスの偏差を加えなければなりません。

図7.5（a）のように一定の値の偏差が温度調節器に階段状に加えられたとき、比例制御（P）のみの場合と、比例制御（P）と積分制御（I）を組み合わせた場合で温度調整器の出力を比較すると、図7.5（b）のようになります。

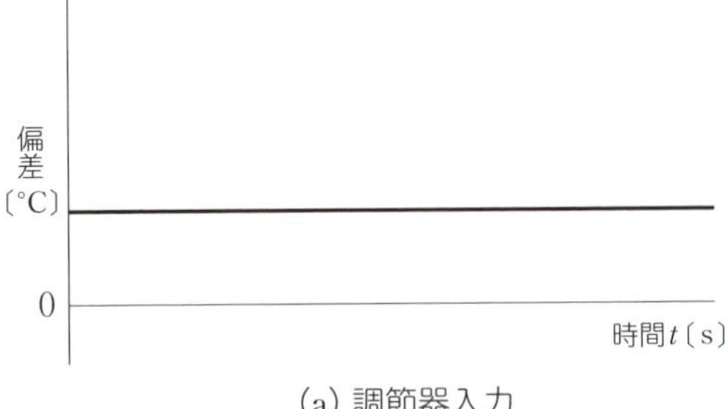

(a) 調節器入力

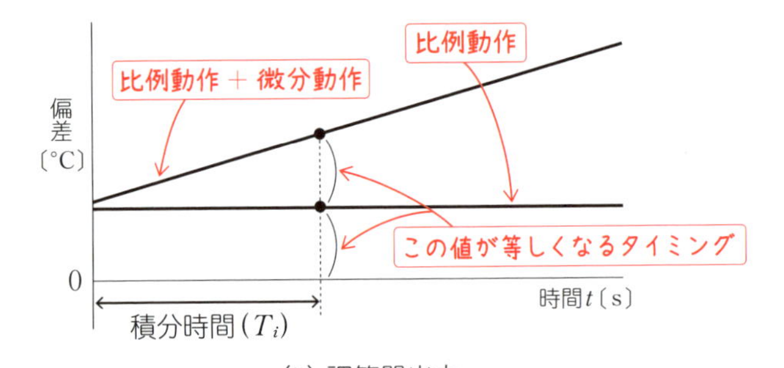

(b) 調節器出力

図 7.5 「比例制御のみ」と「比例制御＋積分制御」の比較

図 7.5 において、積分制御による出力が、比例制御による出力と等しい値になるまでの時間を、**積分時間** (T_i) と定義します。積分時間が長いということは、出力がゆっくり変化するので、積分動作は弱いことになります。逆に積分時間が短いということは積分動作が強いことになります。

このように、積分制御の強さは、積分時間で表すのが一般的です。

なお、比例制御と積分制御を組み合わせた制御手法を、**PI 制御**といいます。PI 制御の伝達関数 $G(s)$ は、次式で表せます。

$$G(s) = K_P\left(1 + \frac{1}{T_I s}\right) \tag{7.2}$$

ここで、T_I は前述した積分時間、またはリセットタイムと呼ばれるものです。PI 制御は、定常特性を改善する制御手法といえます。

Chapter 7

7.4

― PID制御の仕組み4 ―
微分制御（D制御）の仕組み

比例制御に積分制御を加えることで、オフセット（偏差）をなくすことができました。つまり、これで測定値を目標値と一致させる制御が可能になったことになります。ただし、これはいわゆる通常時においての場合のみです。制御を考えるうえで、必ず考慮しなければならない点として、急な外的変化が加わった場合の対応があります。

再度、図7.1を確認してみましょう。この装置において、外の気温が急変した場合や、新たに冷たい液体を加えたことで温度が急激に下がった場合はどのような制御が必要となるでしょうか。

例えば冷たい液体が加わった場合は、比例制御で発熱体への印加電圧を上げて温度を上昇させることになります。ここで注目するべきは液体が加わった際の温度の下降速度です。温度の下降速度に比例した出力を、あらかじめ比例制御の出力に加えてあれば、容器内の温度の下降を即座に停止させ、元の温度に早く戻すことができます。

温度の変化速度は、温度を時間によって微分した値と同じになります。このような制御手法を、**微分制御（D制御）**といいます。Dは、Derivative（微分）の頭文字です。

外気温の急変や新たな液体を加える等は、容器内の液体の温度を変化させ、温度制御を乱すことになります（制御工学の用語では、**外乱**と呼びます）。微分制御は、外乱の影響を素早く取り除くために必要な制御手法です。

図 7.6（a）のように偏差が一定速度で変化するとき、比例制御（P）のみの場合と、比例制御（P）と微分制御（D）を組み合わせた場合で調整器の出力を比較すると、図 7.6（b）のようになります。

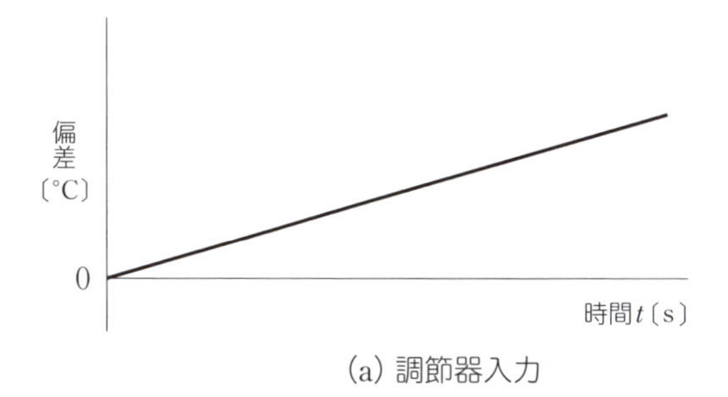

（a）調節器入力

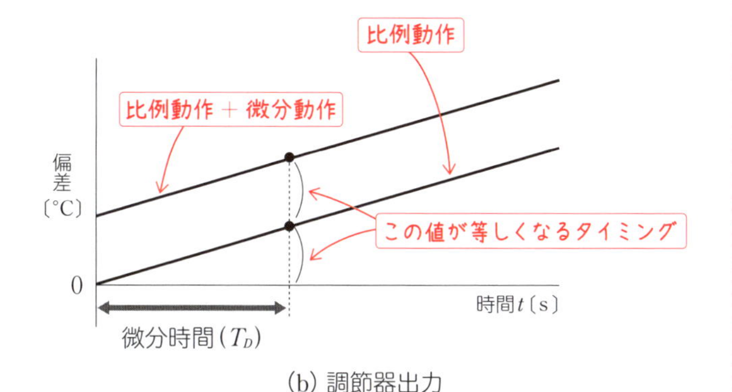

（b）調節器出力

図 7.6 「比例制御のみ」と「比例制御＋微分制御」の比較

図 7.6 において、微分制御による出力が、比例制御による出力と等しい値になるまでの時間を、**微分時間**（T_D）と定義します。微分時間が長いときは、微分制御による

出力が大きいので微分動作は強く、反対に微分時間が短いときは微分動作は弱くなります。

このように、微分制御の強さは、微分時間で表すのが一般的です。

なお、比例制御と微分制御を組み合わせた制御は、**PD 制御**といいます。PD 制御の伝達関数 $G(s)$ は、次式で表せます。

$$G(s) = K_P(1 + T_D s) \tag{7.3}$$

ここで、T_D は前述した微分時間、またはレートタイムと呼ばれるものです。PD 制御は、速応性を改善する制御手法といえます。

Chapter 7

7.5

– PID 制御の仕組み 5 –

PID 制御とパラメータ調整

これまで解説した3つの制御手法では、例えばオフセットへの対応には比例制御に積分制御を加えればよく、また、偏差変動への速応のためには、比例制御に微分制御を加えればよいことがわかりました。その両方を同時に達成するには、比例制御に積分制御と微分制御を加えればよいのです。

つまりPID制御とは、比例制御（P）、積分制御（I）、微分制御（D）—の動作を組み合わせたものになります。それぞれのパラメータを、適切に調節することで、速応性や安定性を得ることができます。

PID制御の伝達関数 $G(s)$ は、次式で表せます。

$$G(s) = K_P\left(1 + \frac{1}{T_I s} + T_D s\right) \tag{7.4}$$

ジーグラー・ニコルスの限界感度法

PID制御において各種調節器で最良の性能を得るためには、パラメータである K_P、T_I、T_D を最適に調整する必要があります。そこで、現場で利用される比較的簡単な調整方法「ジーグラー・ニコルスの限界感度法」について、簡単に紹介します。

ジーグラー・ニコルスの限界感度法は、制御対象のプ

ロセスの特性が、

$$G(s)=\frac{K}{1+Ts}e^{-Ls} \quad \text{または、} \quad G(s)=\frac{K}{s}e^{-Ls} \qquad (7.5)$$

のような形で表される場合に適用できます。ここで、T は**等価時定数**★、L は**等価むだ時間**★を表しています。

KeyWord
時定数T
過渡現象の継続時間を知る尺度です。時定数Tが大きいほど、過渡現象が長く継続します。

KeyWord
むだ時間L
入力に対して出力が時間Lだけ遅れることを意味します。

限界感度法では、まず調節器をP制御のみとして K_P の値を変化させ、制御系が安定限界となる K_P の値を K_0 とします。次に、このときの持続振動の周期 T_0 を求めて、調節器のパラメータ K_P、T_I、T_D の最適値を表7.1のように決定します。これらの値は、「プロセス制御系で過渡応答の振幅減衰比は25%程度が適当である」という考えに基づいて定められています。

表7.1　限界感度法による調節器パラメータの決定

制御方法	K_P	T_I	T_D
P制御	$0.5K_0$	−	−
PI制御	$0.45K_0$	$0.83T_0$	−
PID制御	$0.6K_0$	$0.5T_0$	$0.125T_0$

ただし、この限界感度法でいつでもよい結果が得られるとは限りません。さまざまな制御プロセス特性に対して、等価時定数 T と等価むだ時間 L のわずか2個の特性値に集約しただけでは、よい制御状態が得られない場合もあります。

そんなときは、トライ&エラーによってPID定数値を再調整することも必要になります。以下に、定数値調整の手順の概要を示します。基本的には、許される行き過ぎ量★をガイドラインとして、その条件下で整定時間★が最小になるように各パラメータを調整します。

行き過ぎ量
システムの過渡応答出力が、目標値を超えて最大となったときの値です。

整定時間
システムの応答出力が、目標値の±5%に収まるまでの時間です。

1 最初は調節器を P 動作だけでスタートし、比例定数→積分時間→微分時間の順で調整する

2 各定数は、動作が弱い方から強い方へと少しずつ変えていく

3 各定数を変更したら、目標値を段階的に変えて測定値の変化の様子をみる。その結果から、さらにその定数を変更するか否かを決定する

Chapter 7

7.6 － PID 制御の適用例 1 －
電流一定制御

ここからは、具体的にパワーエレクトロニクス・システムで制御する例をみていきます。降圧チョッパ回路を用いた電流一定制御の例を**図 7.7** に示します。負荷電流 i_d を目標値 i_{dref} になるように制御します。

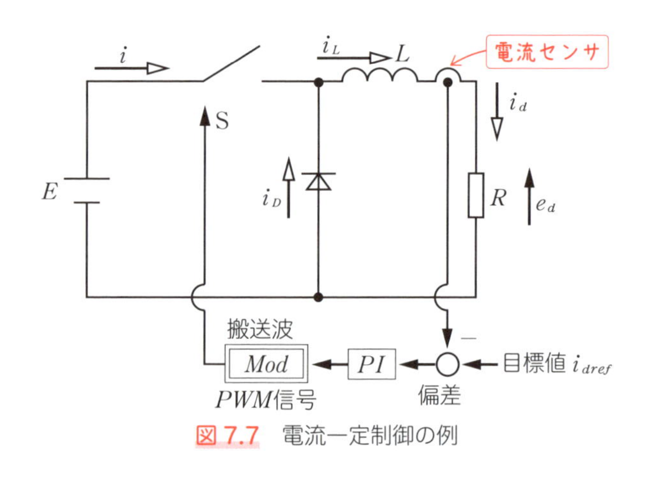

図 7.7　電流一定制御の例

以下に制御の流れを示します。

まず、出力電流 i_d の目標値 i_{dref} を設定します。

次に、電流センサで出力電流 i_d を読み込み、設定した目標値 i_{dref} との差分（偏差）を計算します。

計算した差分を「比例（P）＋積分（I）」の調整器に入力して、その出力と三角波（搬送波）を比較（PWM：Pulse Width Modulation）します。

最後にその出力信号を半導体スイッチの制御信号として入力する構成です。

Chapter 7

7.7 ― PID 制御の適用例 2 ― 電圧一定制御

電圧一定制御の例を**図 7.8** に示します。これは昇圧チョッパ回路を用いた例で、負荷電圧 e_d を目標値e_{dref}となるように制御します。

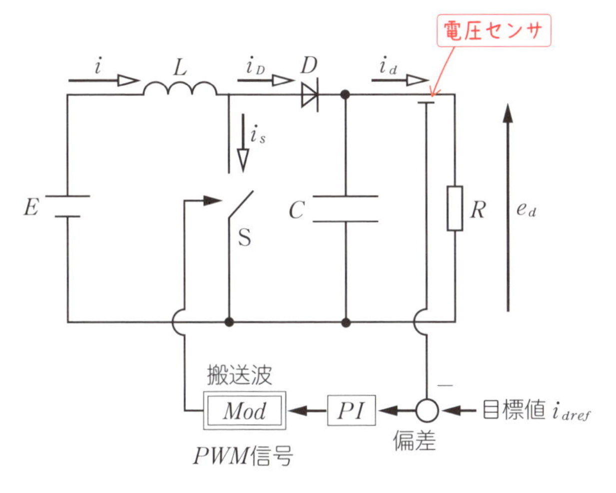

図 7.8　電圧一定制御の例

制御の流れは、電流一定制御の場合と同様です。

まず、出力電圧 e_d の目標値 e_{dref} を設定します。

次に、電圧センサで出力電圧 e_d を読み込み、設定した目標値 e_{dref} との差分（偏差）を計算します。

計算した差分を「比例（P）＋ 積分（I）」の調整器に入力し、その出力と三角波（搬送波）を比較（PWM）します。

最後にその出力信号を半導体スイッチの制御信号とし

て入力する構成です。

実際に使用されるシステムでは、応答性をよりよくするために、この制御ループの内側にインダクタ電流の制御ループを付加します。また、これらの一連の計算には、一般的にマイコンを使用します。

演習問題

1 オフセットをなくすために積分制御が有効な理由は何でしょうか。

2 PID 制御における積分制御と微分制御の役割について、説明してみましょう。

3 I 制御のみと PI 制御について、オフセットの観点及び偏差が生じたときの修正操作の観点からそれらの特性を比較してみましょう。

演習問題 解答

1 7.3 節参照

2 7.5 節参照

3 I 動作も PI 動作もオフセットを 0 にできますが、I 動作のみの場合は、偏差が積分されてから修正操作が行われるため P 動作がある場合と比べて応答は遅くなります。

power electronics

Chapter 8

パワーエレクトロニクス回路製作時の基本事項

ここまでは、パワーデバイスの仕組みを中心に解説してきました。実際のパワーエレクトロニクス回路は、パワーデバイスのほかにもさまざまな機器や機能が必要になります。そこで Chapter.8 では、実際のパワーエレクトロニクス回路を構成する場合の基本事項などを解説していきます。

Chapter 8 Summary note

パワーエレクトロニクス回路製作時の基本事項

☆良く使われる パワーMOSFET → スイッチング時 ゲート・ソース間の入力容量に急速に充電・放電 → 高速スイッチングが実現

☆スイッチング素子に共通の留意点

デッドタイム

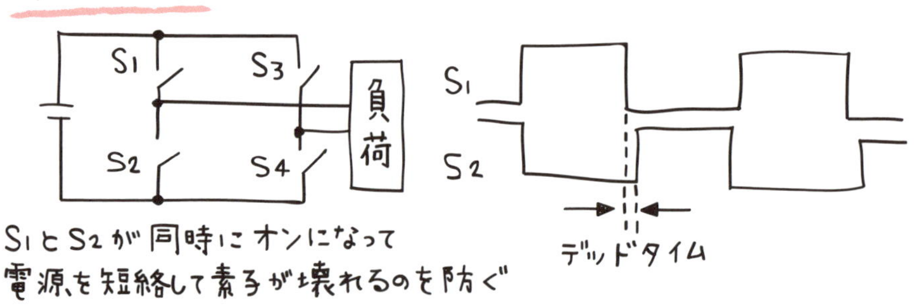

S1とS2が同時にオンになって電源を短絡して素子が壊れるのを防ぐ

ゲートドライバ

マイコンからの制御信号を増幅して素子をドライブできるようにする部品。

安全動作領域（SOA）

パワーデバイスの使用可能な電圧・電流の範囲

スナバ回路

SOAの範囲内に動作が収まるようにパワーデバイス周辺に付加する回路 → CR直列回路

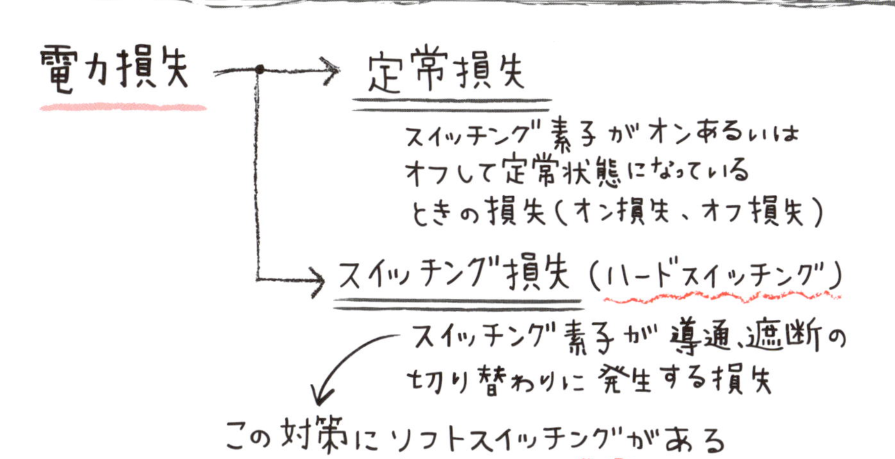

● 素子の電力損失＝定常損失（オン損失＋オフ損失）＋スイッチング損失

放熱

パワーデバイス → 安全に動作するための許容動作温度（接合温度）がある。

電力損失による温度上昇
↓
放熱フィンを設けて放熱

電圧・電流センサ

パワーエレクトロニクス回路にフィードバック制御を行う。

マイコンに電圧・電流の値を入力するとき
A/Dコンバータへの入力（最大5V程度）に変換
（許容）
⇓
電圧・電流センサを使用

Chapter 8

8.1 パワーデバイスの外観

図 8.1 はパワーエレクトロニクス回路に使用する、パワーデバイスの一例です。どれも外観はよく似ていますが、それぞれ内部の構造は異なります。

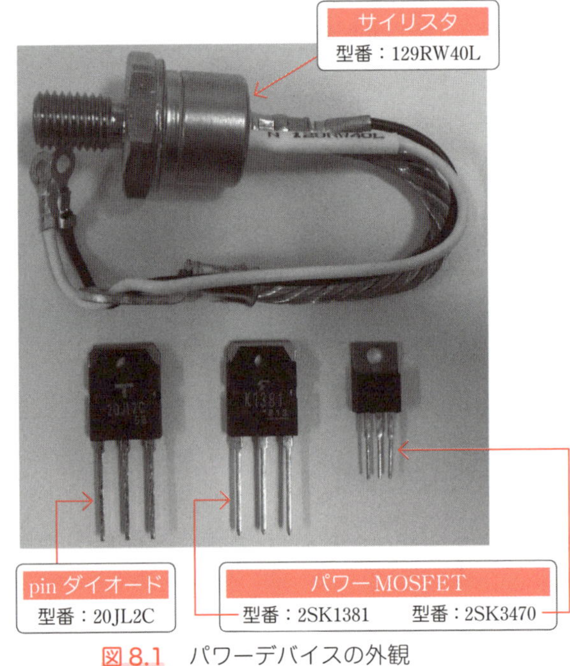

図 8.1　パワーデバイスの外観

従来の小容量パワーエレクトロニクス回路では、主にバイポーラ形トランジスタが採用されていました。しかし近年は、半導体製造技術の進歩によりパワーMOSFET の性能が向上したため、パワーMOSFET を使用したパワーエレクトロニクス回路が増えています

（**図8.2**）。また、変換効率の向上、スイッチング周波数の向上、小型化も進んでいます。

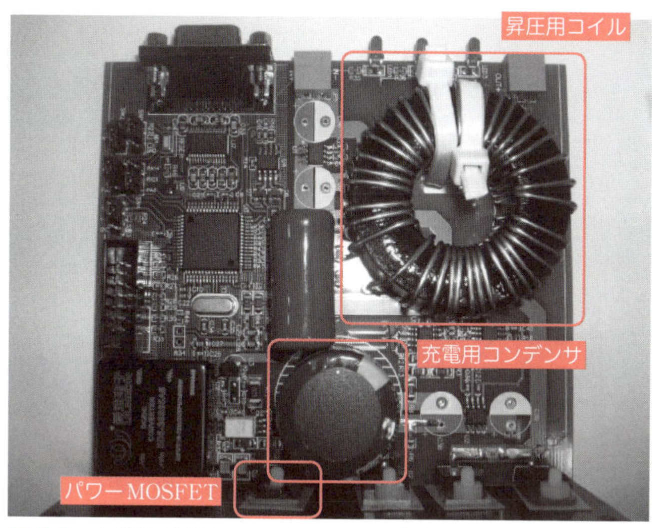

図8.2 太陽光発電システムのMPPT★（昇圧チョッパ回路。型番CSUN-PVC-48V-1）

KeyWord
MPPT
MPPT（Maximum Power Point Tracking：最大電力点追従）は、太陽光発電のソーラーパネルに搭載されている制御装置です。自動で出力を最大化できる最適な電流、電圧を求めます。

Chapter 8

8.2 スイッチング技術の特徴と留意点

まずは、よく使われるパワーMOSFETのスイッチングに関する特徴について、バイポーラ形トランジスタのスイッチング駆動波形と比較しながら確認していきます。

パワーMOSFETは、ゲートにかかる電圧で制御されています。例えば図8.1で示したパワーMOSFETの素子は、約3Vを境に導通・遮断されるように作られています。ゲートは他の電極と絶縁されており、ゲート・ソース間はコンデンサとほぼ等価になります（**図8.3**(a)）。そのため、導通状態・遮断状態を維持する場合には、ゲートに電圧V_Gを印加し続けます。オン・オフ時の充放電の瞬間のみ電流が流れるため、非常に小さい電力で制御できます。

一方、バイポーラ形トランジスタの場合は、導通状態を維持するために、常にコレクタ電流i_Cの1／10程度のベース電流i_Bを流す必要があります（図8.3(b)）。このため、バイポーラ形トランジスタは、電力の限られた小型機器での利用が一般的です。

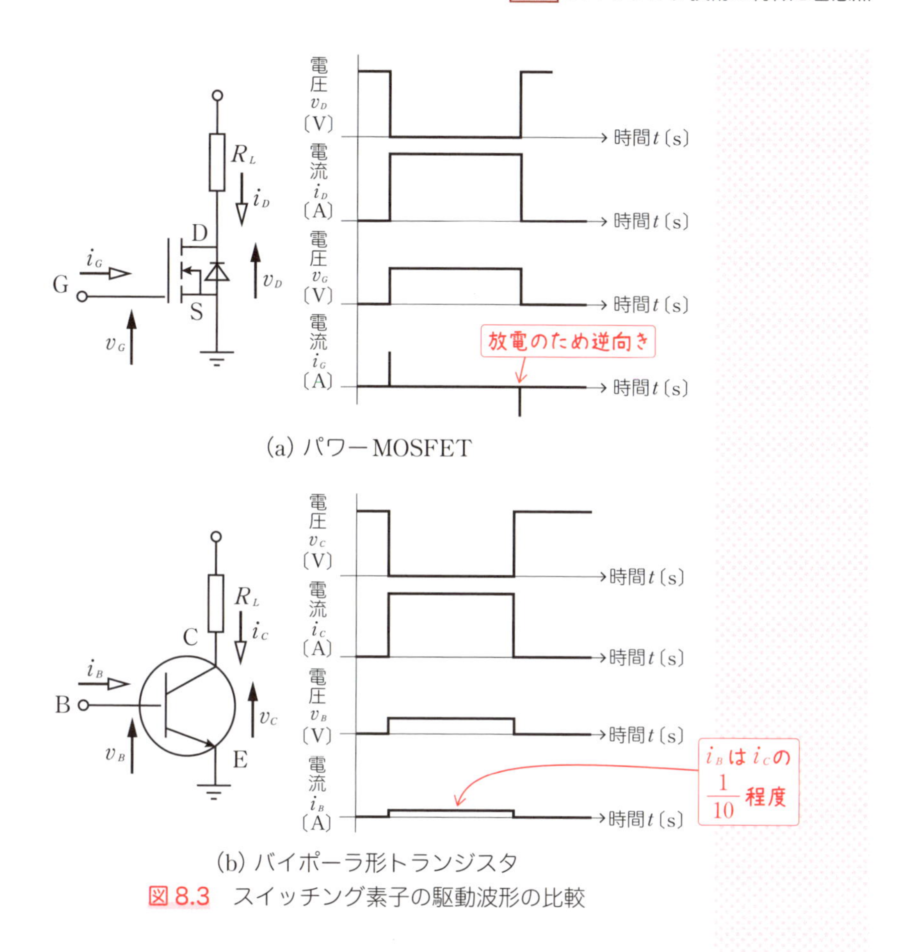

(a) パワーMOSFET

(b) バイポーラ形トランジスタ

図 8.3　スイッチング素子の駆動波形の比較

入力容量

パワーMOSFETのゲートについて「絶縁されおり、小さい電力で制御できる」と先に述べましたが、これはあくまでも理論上の話です。実際のパワーMOSFETのゲートでは、**入力容量**と呼ばれるわずかな静電容量が発生します。入力容量は、電界効果形トランジスタ(FET)の構造上どうしても発生するもので、電力容量の大きなパワーMOSFETほど大きくなります(**表 8.1**)。

表 8.1 パワーMOSFETの入力容量と内部抵抗

型番	耐電圧〔V〕	電流〔A〕	入力容量〔pF〕	内部抵抗〔mΩ〕
H7N0307	30	60	2,500	4.6
2SK2936	60	45	2,200	10
IRF31N50L	500	31	5,000	150
2SK3132	500	50	10,000	70

実際のパワーMOSFET駆動回路では、この入力容量を考慮した構成になっています。すなわち、**図 8.4** のようにゲートの静電容量を急速に充電・放電することで、高速なスイッチングを実現しています。

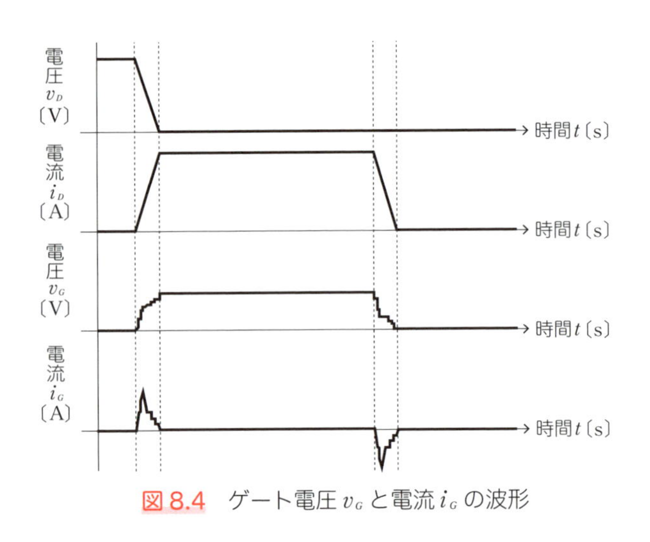

図 8.4 ゲート電圧 v_G と電流 i_G の波形

KeyWord
自己消弧機能
自己消弧機能とは、パワーデバイスにおいてゲートでオン・オフを制御する機能のことです。

以上がパワーMOSFETのスイッチングに関する特徴です。ここからは、自己消弧機能★を有するスイッチング素子（パワーMOSFET、IGBT、パワートランジスタなど）に共通の留意点になります。

デッドタイム

インバータ回路のスイッチングについても、考慮すべき点があります。インバータ回路には、上下一対のスイッチング素子で構成された**アーム**と呼ばれる機構があります（**図 8.5**）。また、ここまでの解説では、スイッチング素子は理想スイッチ、例えば「IGBT のベースドライブをオフにしたらスイッチも同時にオフになる」と説明しました。

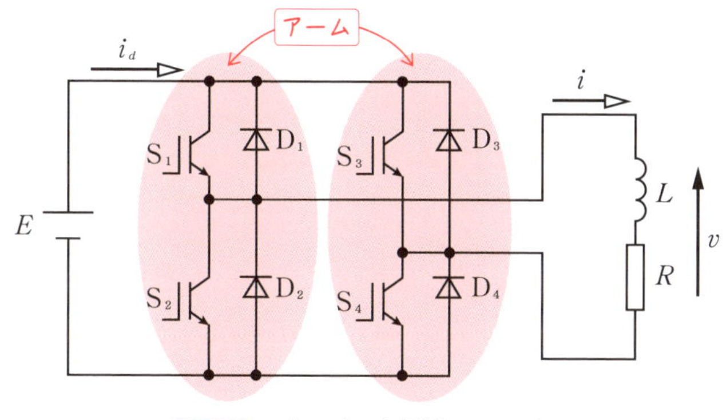

図 8.5　インバータ回路のアーム

しかし実際のスイッチでは、すぐにはオフにならず、少しの間、半導通状態が生じます。例えばアームの上側の IGBT をオフ、下側の IGBT をオンしようとして同時にドライブすると、上側の IGBT が半導通状態になります。半導通状態の間は、電源 E を短絡することになり、大電流が流れて素子の破壊に繋がります。

このため実際のインバータ回路では、**図 8.6** に示すように同一アームの上側の素子をオフにした後、すぐに下側の素子をオンにせず、少し遅れてからオンにするよう設定されています。この遅れ時間は**デットタイム**と呼ばれ、素子のターンオフタイム（動作遅れ時間）以上に設定します。

デッドタイムは出力電圧の低下を招きますので、使用する素子により適切に設定する必要があります。例えばバイポーラ形トランジスタのデッドタイムは5〜20 μs、パワーMOSFETやIGBTでは0.5〜3 μs 程度になります。

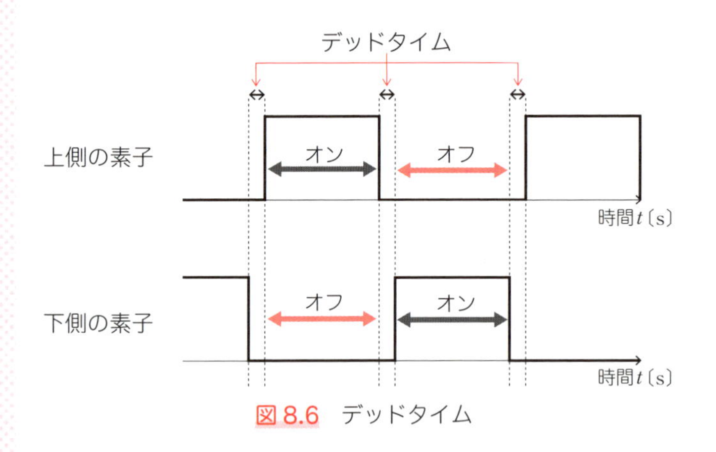

図8.6　デッドタイム

8.3 ゲートドライバの役割

パワーエレクトロニクス回路に欠かせない構成要素のひとつに、**ゲートドライバ**があります。ここではゲートドライバの役割を紹介します。

スイッチングのための信号は、マイコンなどの制御ICから生成されます。制御ICから出力される信号の電流は数十mAと小さく、パワーMOSFETを高速で駆動できるほど大きな電力はありません。ゲートドライバは、制御ICとパワーMOSFETとの間に挿入し、信号の電力を増幅する役割を担います。

図8.7はIC化されたゲートドライバの例です。このほかに、電源ユニット用に設計された制御ICもあります。電源ユニット用の制御ICでは、制御部とゲートドライバが一体化され、部品点数の削減も行われています。

図8.7 IC化されたゲートドライバの外観
（光絶縁タイプ。型番 TLP250）

Chapter 8

8.4 安全動作領域（SOA）とスナバ回路

すべてのパワーデバイスには、使用可能な電流・電圧が定められており、その範囲であればパワーデバイスを破壊することなく安全に使用することができます。この定められた電流・電圧の範囲を、**安全動作領域**（SOA：Safe Operating Area）と呼びます。パワーデバイスのSOAは、デバイスの状態（ターンオン時、ターンオフ時、短絡時）ごとに定められています。

一般的なパワーエレクトロニクス回路では、ターンオフ時にデバイスの破壊事故が起こることが多いです。そこで本書では一例として、ターンオフ時の逆バイアスSOAについて示します。

安全動作領域（SOA）

例えば、パワートランジスタの場合は「指定の温度において、コレクタ電流を流している状態から、ベースに指定の逆バイアス電流を流して、安全にターンオフできるコレクタ電流とコレクタ・エミッタ間電圧の領域」を、逆バイアス安全動作領域（RBSOA）と定義しています。

図8.8に、パワートランジスタのRBSOAの例を示します。

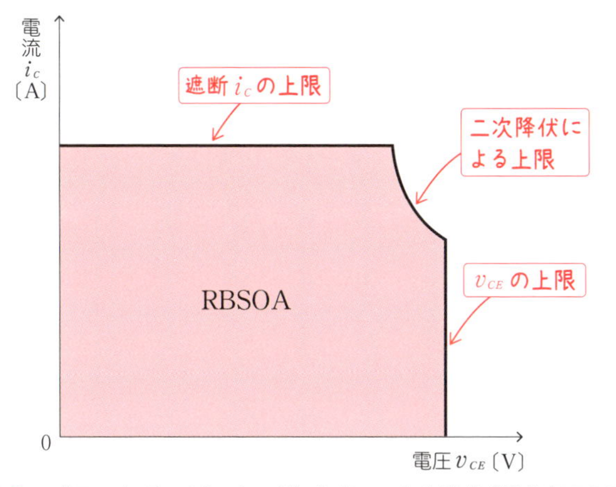

図 8.8　パワートランジスタの逆バイアス安全動作領域（RBSOA）

RBSOA は図 8.8 のように、遮断するコレクタ電流の上限値、コレクタ・エミッタ間電圧の上限値、ターンオフ時の二次降伏で決まる電圧－電流の上限によって領域が決まります。パワートランジスタの RBSOA は、二次降伏が支配的となるため、瞬時電力に依存します。

なお、パワー MOSFET や IGBT の場合は、ターンオフをベース電流によって行っていないので二次降伏がなく、最大電圧、最大電流で決まる角形となるのが一般的です。

スナバ回路（Snubber Circuit）

パワーエレクトロニクス回路には、SOA の条件を満たすための回路も必要です。SOA の範囲内に動作が収まるように、パワーデバイス周辺に付加する回路を、**スナバ回路**と呼びます。

一般的に回路を構成する場合は、部品と部品の間には距離があり、基板や電線で接続することになります。また、配線には抵抗成分以外にも、誘導成分や容量成分が含まれます。

特にパワーエレクトロニクス回路の場合は、扱う電力が大きく、誘導成分や容量成分に蓄えられたエネルギーにより、**サージ電圧**が発生します。サージ電圧がSOAを超えてしまい、スイッチング素子の破壊や共振による電波障害を発生させることもあります。これらの問題に対処するのが、スナバ回路です。スナバ回路を接続することで、エネルギーを吸収して防ぐことができます。

一般的なスナバ回路は、*C*-*R* 直列回路（*CR* スナバ）で構成され、**図 8.9** のように接続されます。スナバ回路の接続により、ドレイン・ソース間電圧 v_D の波形は**図 8.10** のように減衰します。なお、スナバ回路の接続は、抵抗 *R* で吸収したエネルギーを熱に変えるため、スイッチング回路の効率は落ちることになります。

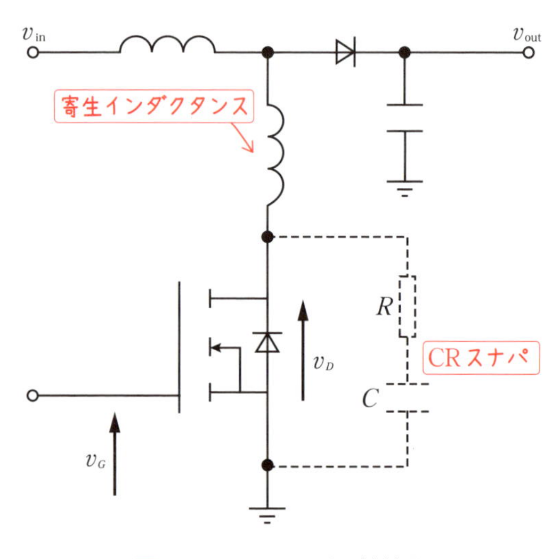

図 8.9　CR スナバの接続図

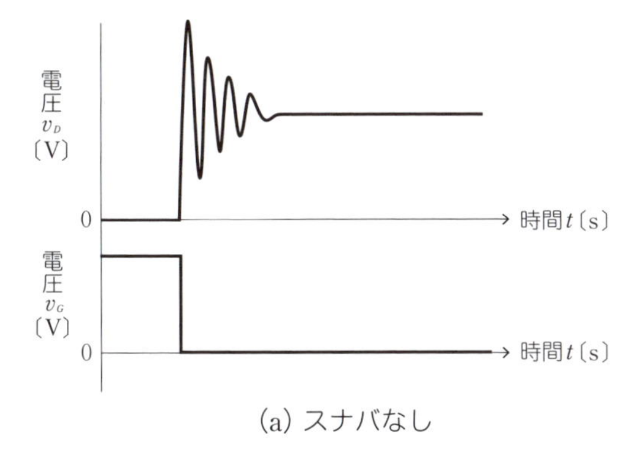

(a) スナバなし

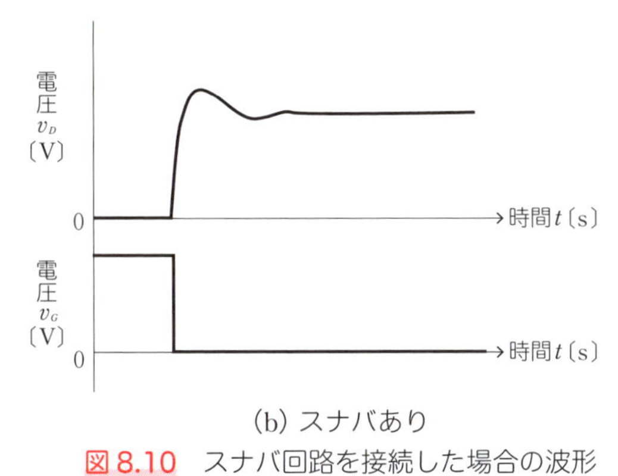

(b) スナバあり

図 8.10　スナバ回路を接続した場合の波形

Chapter 8

8.5 パワーデバイスの電力損失

図 8.11 に示すスイッチ回路を例に、パワーデバイスの電力損失について考えてみましょう。パワーデバイスの電圧と電流を v_D と i_D とします。また、スイッチング時のそれぞれの波形を**図 8.12** に示します。

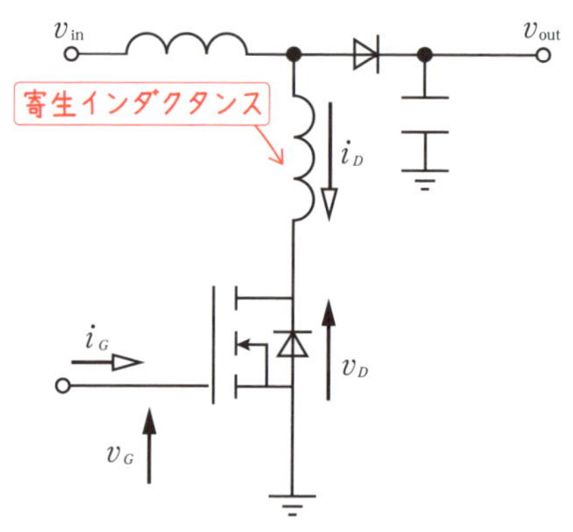

図 8.11　スイッチ回路の例

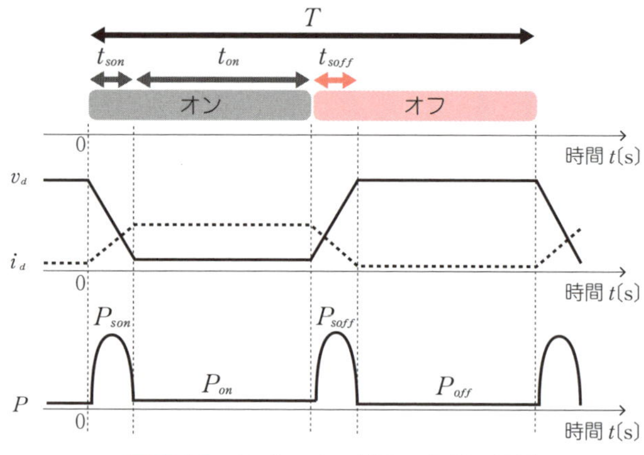

図 8.12　スイッチング時の各部の波形

パワーデバイスの電力損失には、大きく分けて**定常損失**と**スイッチング損失**の２つがあります。それぞれの発生する仕組みをみていきましょう。

定常損失

定常損失とは、スイッチング素子がオンあるいはオフして定常状態になっているときの素子の損失です。定常損失には、オン損失（P_{on}）と、オフ損失（P_{off}）があります。

オフ損失は、オフ時の電流が非常に小さいため一般には無視することができます。

オン損失は、スイッチング素子の導通中に発生する内部抵抗や電圧降下が原因で発生する損失です。電流が同じであれば、内部抵抗や電圧降下の小さい素子を使用する方が、オン損失を小さくすることができます。ただし、内部抵抗の小さい素子（電力容量の大きな素子）は、ゲート容量も大きくなるため、駆動電力が増加します。

スイッチング損失

スイッチング損失とは、スイッチング素子の導通・遮断の切り替わり時に発生する損失です。スイッチング損失には、ターンオン時に発生するターンオン損失（P_{son}）と、ターンオフ時に発生するターンオフ損失（P_{soff}）があります。スイッチの切替にかかる時間が短いほど、あるいは時間当たりの切替回数（スイッチング周波数 f_{sw}）が低いほど、スイッチング損失は小さくなります。

電力損失の関係式

それぞれの電力損失は図 8.12 より、以下の式で表すことができます。

定常損失
ここでは v_D と i_D は時間に関係なく一定の値 V_D、I_D であるとします

$$P_{on} = \frac{1}{T}\int_0^{t_{on}} V_D I_D \, dt = \frac{t_{on}}{T} V_D I_D = \alpha V_D I_D \tag{8.1}$$

（α：通流率）

スイッチング損失

$$P_{son} = \frac{1}{T}\int_0^{t_{on}} v_D i_D \, dt = f_{SW}\int_0^{t_{on}} v_D i_D \, dt \tag{8.2}$$

$$P_{soff} = \frac{1}{T}\int_0^{t_{off}} v_D i_D \, dt = f_{SW}\int_0^{t_{off}} v_D i_D \, dt \tag{8.3}$$

定常損失は通流率 α に比例し、スイッチング損失はスイッチング周波数 f_{SW} に比例することがわかります。

定常損失とスイッチング損失を合わせた、パワーデバイスの電力損失 P は、以下の式で表されます。

$$P = P_{on} + P_{son} + P_{soff} \tag{8.4}$$

パワーデバイスごとのサージ電圧対応

例えばパワーMOSFET を使用した回路の場合、スイッチングにかかる時間は数～数十 ns と他のスイッチング素子に比べ短いため、電力損失は小さくなります。ただし、回路の条件によっては高いサージ電圧が発生するため、**図 8.13** に示すようにドライバとゲート間に抵抗を入れてスイッチング速度を落とす（導通 ⇔ 遮断にかかる時間を長くする）といった工夫も必要になります。

このように、電力損失とサージ電圧の関係等を考慮し

ながら、使用するパワーデバイスごとに最適な回路を検討していくことが求められます。

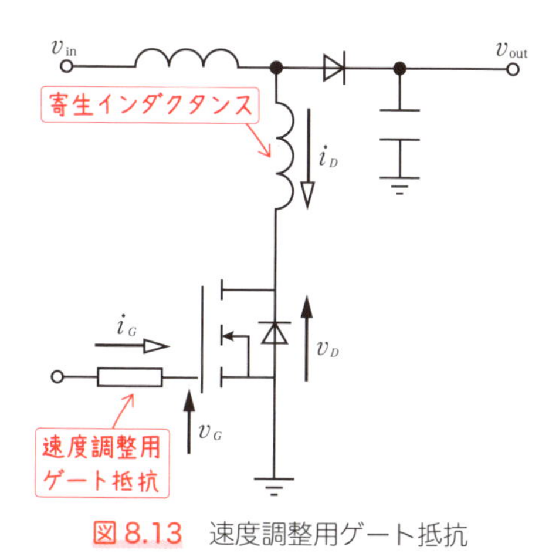

図 8.13　速度調整用ゲート抵抗

ハードスイッチングとソフトスイッチング

これまで説明したスイッチングの方法は、**ハードスイッチング**と呼ばれるものです。ところで、このハードスイッチングで発生するスイッチング損失を抑制するには、スイッチング時の電圧と電流の重なりをなくせばよいことがわかります。

現在では、電圧あるいは電流の立ち上がりを遅らせて電圧と電流の重なりをなくすようにしたスイッチング方法も利用されており、これを**ソフトスイッチング**と呼んでいます。

スイッチング周波数は年々高くなる傾向にあります。この傾向は、スイッチング周波数が高いほどコンデンサ、コイルを小型化できるためであり、小型機器向けのコンバータには 1MHz を超えるものもあります。

Chapter 8

8.6 パワーデバイスの接合温度

前節では、電力の変換・制御動作によってパワーデバイスの電力損失が発生することを解説しました。電力損失によって、パワーデバイスは発熱して温度が上昇します。そのため、各パワーデバイスには、安全に動作するための許容動作温度（**接合温度**）が定められており、この規定値を超えないように放熱対策を行う必要があります。

ここでは、パワーデバイスの接合温度を簡単に求める方法を示します。**図 8.14** に、熱計算を行ううえで基本となる、熱抵抗の概念を示します。電気回路では同図 (a) に示すように、高電位部から低電位部に向かって電流 I が流れ、その電位差 $\varDelta V$ はオームの法則から $\varDelta V = R \times I$ で求めることができます。

一方、熱についても電気回路のオームの法則と同様に、電位 V〔V〕を温度 T〔℃〕に、電流 I〔A〕を熱流 P〔W〕にそれぞれ置き換えると、温度差 $\varDelta T$〔℃〕は以下で求めることができます。なお R_{th}〔℃/W〕は、**熱抵抗**と呼ばれます。

$$\varDelta T = R_{th} \times P \tag{8.5}$$

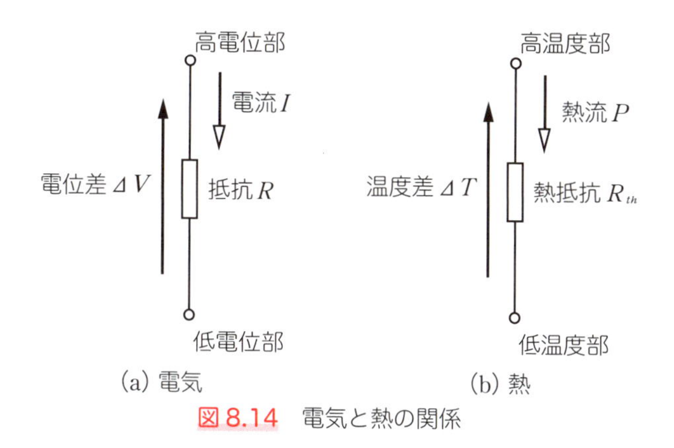

図 8.14　電気と熱の関係

図 8.15 に、パワーデバイスの接合温度を求めるための図を示します。同図の左側が放熱フィンを取り付けたパワー半導体デバイスの模式図で、パワーデバイス、絶縁板、放熱フィンから構成されています。右側はそれに対応した熱等価回路です。

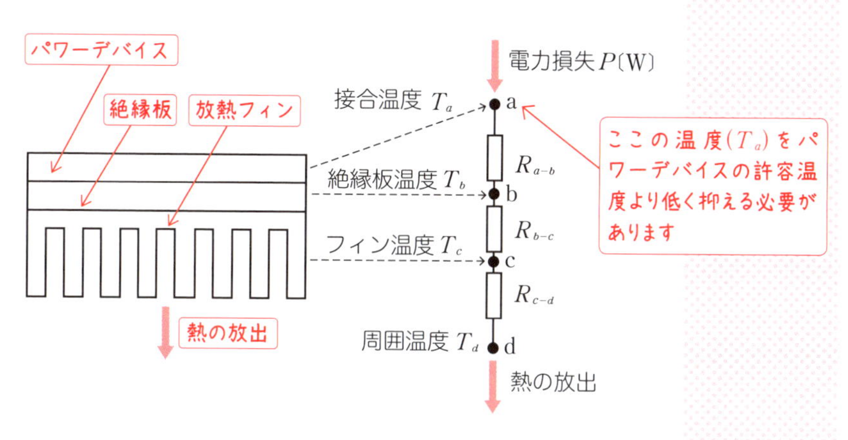

R_{a-b}：接合・絶縁板間の熱抵抗〔°C/W〕
R_{b-c}：絶縁板・フィン間の熱抵抗〔°C/W〕
R_{c-d}：フィン・周囲間の熱抵抗〔°C/W〕

図 8.15　パワーデバイスの接合温度

接合温度をT_a、絶縁板温度をT_b、フィン温度をT_c、周囲温度をT_dとし、それぞれの温度差間の熱抵抗をR_{a-b}、R_{b-c}、R_{c-d}とします。a 点で発生した電力損失Pは、熱抵抗回路を通ってd点で大気中に放熱されます。接合と周囲の2点間の温度差をΔTとすると、デバイスの接合温度T_a〔°C〕は、次式で表せます。

$$T_a = \Delta T + T_d = P(R_{a-b} + R_{b-c} + R_{c-d}) + T_d \qquad (8.6)$$

(8.6) 式で求めた接合温度が規定値より高い場合には、さらに熱抵抗の小さい放熱フィンに変更するなどして、規定値以下に抑える必要があります。放熱フィンの熱抵抗は、放熱フィンのデータシートに記載されています。

Chapter 8

8.7 制御機器への電圧・電流のフィードバック

Chapter.7 で取り上げた電流一定制御や電圧一定制御では、目標値に近づけるために電流や電圧を読み取って目標値と比較して、偏差があった場合にはこれを訂正する動作を繰り返し行います。これを**フィードバック制御**といいます。

パワーエレクトロニクス回路にフィードバック制御を行う場合は、マイコンなどの制御機器に電圧・電流の値を入力する必要があります。ただし、マイコンのようなA/D コンバータへの入力は、通常 3～5V 程度ですので高い電圧や電流を直接入力することはできません。そこで、電圧・電流を制御機器側へ入力可能な範囲に変換するための、電圧センサや電流センサが必要になります。これらのセンサ（変換器）は、回路の規模や条件によって使い分けられ、**絶縁型**と**非絶縁型**があります。

非絶縁型

電圧・電流検出回路には、制御側回路と電力側回路の接地が共通でよい場合は、非絶縁型の回路を用います。検出方法は、抵抗による分圧やシャント抵抗を使用し、必要に応じて**図 8.16** のような OP アンプを使用して増幅を行います。OP アンプは応答速度も速く、汎用部品でも構成が可能です。

KeyWord
抵抗による分圧
測定電圧をA/Dコンバータに入力可能な電圧に抑えるための抵抗分圧を行います。

KeyWord
ボルテージフォロアによるバッファ
マイコンのA/Dコンバータの入力インピーダンスが低いと、分圧比が変化してしまいます。そのためOPアンプによるバッファを用いて、等価的に入力インピーダンスを高めています。

KeyWord
シャント抵抗を使った電流検出回路
シャント抵抗の端子電圧は微小のため、OPアンプで増幅してA/Dコンバータに入力します。

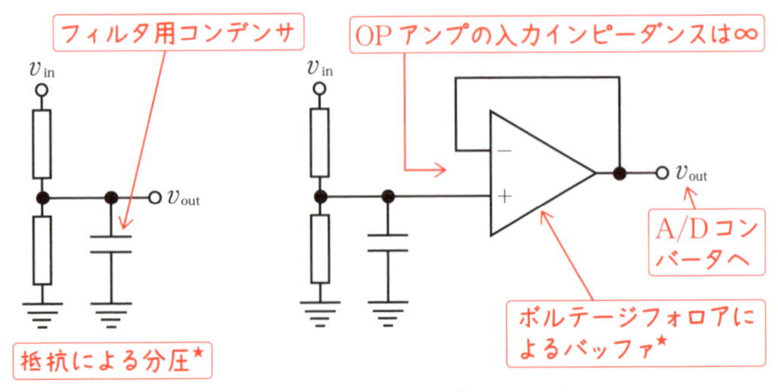

(a) 電圧検出回路 OPアンプによるバッファ

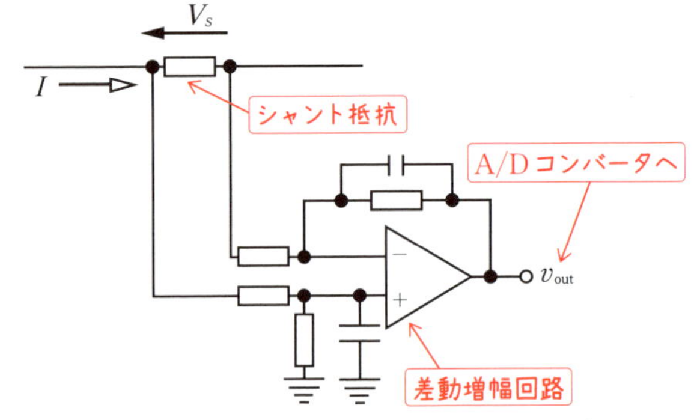

(b) シャント抵抗を使った電流検出回路★

図8.16　非絶縁型の電圧・電流検出回路の例

絶縁型

電力側回路が商用電源に接続されているなど、高電圧で制御機器と接地を共通にすると感電の危険や制御機器を損傷する可能性がある場合には、絶縁型の電圧・電流センサを使用します。

回路間を絶縁した状態で電圧を測定する場合には、絶縁アンプを使用します。**図8.17**のように光、静電容量、磁気を使用したものがあります。電流の測定には、**図8.18**のようなホール素子を使用した電流センサが使用されます。構造は磁気ヨーク★にてホール素子に電線から発生する磁束を収束し、ホール効果により発生した電圧をOPアンプで増幅して出力します。ほかにも電線を通すだけで測定できるものなどがあり、シャント抵抗のような損失はありませんが、若干の誘導成分の増加があります。

> KeyWord
> **磁気ヨーク**
> 磁束を収束するための鉄芯です。磁気ヨークのギャップに挿入されたホール素子を磁束が貫通して、ホール電圧を発生します。この電圧は測定電流に比例します。

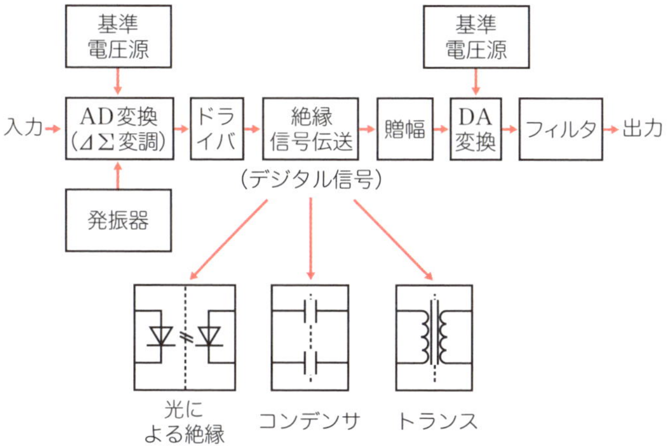

基準電圧源
基準電圧源
入力
AD変換（ΔΣ変調）
ドライバ
絶縁信号伝送
贈幅
DA変換
フィルタ
出力
（デジタル信号）
発振器
光による絶縁
コンデンサ
トランス

図8.17　絶縁アンプの構成

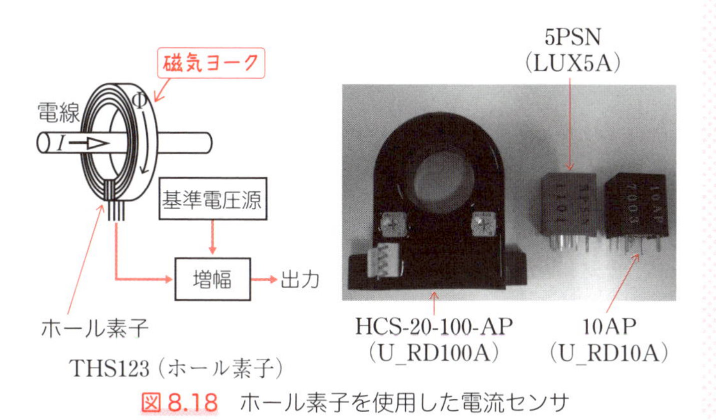

図8.18　ホール素子を使用した電流センサ

演習問題

1 デッドタイムとは何か簡潔に述べてください。

2 パワー半導体デバイスの安全動作領域SOAについて簡潔に述べてください。

3 スナバ回路の役割について簡潔に述べてください。

4 パワー半導体デバイスの主な損失はどのようなものがあるか簡潔に述べてください。

5 図8.14の冷却モデルにおいて、電力損失$P=10$W、熱抵抗〔℃/W〕をそれぞれ$R_{a-b}=1.5$、$R_{b-c}=0.2$、$R_{c-d}=4$、周囲温度$T_d=40$°Cとしたときの接合温度T_aと放熱フィンの温度T_cを求めましょう。

演習問題 解答

1 例えばインバータ回路では、各アーム上下のスイッチング素子が同時にオンとなって電源を短絡しないように、片側の素子を少し時間をずらしてオンにします。この遅れ時間をデッドタイムといいます。デッドタイムは、素子のターンオフ時間以上に設定します。

2 8.4節参照

3 8.4節参照

4 8.5節参照

5

$$T_a=P(R_{a-b}+R_{b-c}+R_{c-d})+T_d$$
$$=10(1.5+0.2+4)+40=97$$
$$T_c=PR_{c-d}+T_d$$
$$=10\times4+40=80$$

∴接合温度$T_a=97$〔°C〕

放熱フィンの温度$T_c=80$〔°C〕

Appendix ひずみ波の電力の取り扱い

電力変換回路では、半導体デバイスによって電流が裁断されるため、交流電源を流れる電流波形がひずんでいるのが一般的です。2π を周期とする**ひずみ波**には、電源周波数の基本波成分のほかに n 倍の周波数、すなわち高調波成分が含まれています。ここでは、この高調波成分を分析するためのフーリエ級数展開、及びひずみ波を含んだ場合の電力の取り扱いについて解説します。

フーリエ級数展開

2π を周期とする関数 $f(x)$ は、フーリエ級数に展開できます。

$$f(x) = a_0 + \sum_{n=1}^{\infty} a_n \cos nx + \sum_{n=1}^{\infty} b_n \sin nx \qquad \text{(Ap.1)}$$

ここで、a_0、a_n、b_n は**フーリエ級数**と呼ばれ、次のように定義されます。

$$a_0 = \frac{1}{2\pi}\int_0^{2\pi} f(x)dx \qquad \text{(Ap.2)}$$

$$a_n = \frac{1}{\pi}\int_0^{2\pi} f(x)\cos nx\,dx \qquad \text{(Ap.3)}$$

$$b_n = \frac{1}{\pi}\int_0^{2\pi} f(x)\sin nx\,dx \qquad \text{(Ap.4)}$$

この関数を、周波数の異なる正弦波の和として扱うと、次のように表現できます。

$$f(x)=a_0+\sum_{n=1}^{\infty}A_n\sin(nx+\theta_n) \qquad \text{(Ap.5)}$$

ここで、A_n、θ_n はそれぞれ以下となります。

$$A_n=\sqrt{a_n^2+b_n^2} \qquad \text{(Ap.6)}$$

$$\theta_n=\tan^{-1}\frac{a_n}{b_n} \qquad \text{(Ap.7)}$$

電力1：単相交流の場合

単相正弦波交流電圧・電流が、それぞれ次式で与えられる場合を考えます。

$$e(t)=\sqrt{2}\,E_1\sin\omega t \qquad \text{(Ap.8)}$$

$$i(t)=\sqrt{2}\,I_1\sin(\omega t-\phi_1) \qquad \text{(Ap.9)}$$

電力に関しては、以下の諸量が定義されます。

瞬時電力：$p(t)=e(t)i(t)$ (Ap.10)

有効電力：$P=\frac{1}{T}\int_0^T p(t)dt=E_1I_1\cos\phi_1$ (Ap.11)

無効電力：$Q=E_1I_1\sin\phi_1$ (Ap.12)

皮相電力：$S=E_1I_1$ (Ap.13)

力　　率：$\cos\phi_1=\frac{P}{S}$ (Ap.14)

このとき、以下の式が成り立ちます。

$$S^2=P^2+Q^2 \qquad \text{(Ap.15)}$$

電力2：三相交流の場合

相電圧・相電流の実効値が、それぞれE_1、I_1で与えられる平衡三相交流の電力は、以下のように定義されます。

有効電力：$P = 3E_1 I_1 \cos\phi_1$ (Ap.16)

無効電力：$Q = 3E_1 I_1 \sin\phi_1$ (Ap.17)

皮相電力：$S = 3E_1 I_1$ (Ap.18)

力　　率：$\cos\phi_1 = \dfrac{P}{S}$ (Ap.19)

このとき三相の場合も、(Ap.15) 式の関係が成り立ちます。

電力3：ひずみ波交流の場合

ひずみ波交流電源の電圧・電流が、それぞれ次式で与えられる場合を考えます。

$$e(t) = \sum_{k=1}^{\infty} \sqrt{2}\, E_k \sin(k\omega t + \varphi_k) \qquad \text{(Ap.20)}$$

$$i(t) = \sum_{k=1}^{\infty} \sqrt{2}\, I_k \sin(k\omega t + \phi_k) \qquad \text{(Ap.21)}$$

有効電力Pは、次式で与えられます。

$$P = \sum_{k=1}^{\infty} E_k I_k \cos(\varphi_k - \phi_k) \qquad \text{(Ap.22)}$$

すなわち、Pは周波数の等しい電圧と電流による有効電力の和になります。異なる周波数の電圧と電流では、有効電力は形成されないことに注意しましょう。

ひずみ波電圧、電流の実効値 E、I は、以下の式となります。

$$E=\sqrt{\sum_{k=1}^{\infty} E_k^{\ 2}},\ I=\sqrt{\sum_{k=1}^{\infty} I_k^{\ 2}} \qquad \text{(Ap.23)}$$

ひずみ波交流の皮相電力、力率は、以下の式で定義されます。

皮相電力　：$S=EI$ (Ap.24)

総合力率　：$P.F.=\dfrac{P}{S}$ (Ap.25)

基本波力率：$\cos(\varphi_1-\phi_1)$ (Ap.26)

電力 4：電圧が正弦波で電流がひずみ波交流の場合

電圧と電流が、それぞれ次式で与えられる場合を考えます。

$$e(t)=\sqrt{2}\,E_1\sin\omega t \qquad \text{(Ap.27)}$$

$$i(t)=\sum_{k=1}^{\infty}\sqrt{2}\,I_k\sin(k\omega t-\phi_k) \qquad \text{(Ap.28)}$$

有効電力　　　　：$P=E_1I_1\cos\phi_1$ (Ap.29)

基本波無効電力：$Q=E_1I_1\sin\phi_1$ (Ap.30)

ひずみ電力　　　：$D=E_1\sqrt{\sum_{k=2}^{\infty} I_k^{\ 2}}=E_1\sqrt{I_2^{\ 2}+I_3^{\ 2}+I_4^{\ 2}+\cdots\cdots}$ (Ap.31)

皮相電力　　　　：$S=E_1I$（※ I は (Ap.23) 式） (Ap.32)

ここで、以下の式が成り立ちます。

$$S^2=P^2+Q^2+D^2 \qquad \text{(Ap.33)}$$

総合力率：$P.F.=\dfrac{P}{S}$ (Ap.34)

基本波力率：$\cos\phi_1$ (Ap.35)

Index

アルファベット

あ

か

さ

た

な

は

ま

や

ら

わ

〈著者略歴〉
板 子 一 隆（いたこ かずたか）
神奈川工科大学工学部電気電子情報工学科教授、同大学大学院工学研究科電気電子工学専攻教授、同大学先進太陽エネルギー利用研究所教授。博士（工学）。
ドイツ・ブラウンシュヴァイク工科大学客員研究員、神奈川県産業技術総合研究所客員研究員などを歴任。20th ICEE Best Paper Award受賞。（社）電気設備学会より第21回電気設備学会・学術部門・論文奨励賞受賞。
（公財）電気科学技術奨励会より第61回電気科学技術奨励賞（旧オーム技術賞）受賞。電気学会（東京支部委員）、電気設備学会、計測自動制御学会、日本太陽エネルギー学会、電気化学会、Society of Advanced Science、IEEE（米国電気電子学会）の各会員。

はじめてのパワーエレクトロニクス

平成29年 9月25日　　第1版第1刷発行

著　者　板子一隆
発行者　村上和夫
発行所　株式会社 オーム社
郵便番号　101-8460
東京都千代田区神田錦町3-1
電 話　03(3233)0641（代表）
URL　http://www.ohmsha.co.jp/

組版　BUCH+　　印刷・製本　図書印刷
ISBN978-4-274-50649-9　Printed in Japan